乡愁之筑

TRADITIONAL ARCHITECTURE

中国建筑西北设计研究院有限公司
屈培青工作室建筑设计作品集

QU PEIQING STUDIO
ARCHITECTURE DESIGN PORTFOLIO

主编 屈培青 （上篇）

中国建筑工业出版社

图书在版编目（CIP）数据

乡愁之筑　中国建筑西北设计研究院有限公司屈培青工作室建筑设计作品集(上篇)/屈培青主编. —北京：中国建筑工业出版社，2016.8

ISBN 978-7-112-19590-9

Ⅰ.①乡… Ⅱ.①屈… Ⅲ.①建筑设计—作品集—中国—现代 Ⅳ.①TU206

中国版本图书馆CIP数据核字（2016）第159665号

责任编辑：费海玲　焦　阳
责任校对：李美娜　关　健

乡愁之筑　中国建筑西北设计研究院有限公司
屈培青工作室建筑设计作品集（上篇）
主编　屈培青

＊

中国建筑工业出版社出版、发行（北京西郊百万庄）
各地新华书店、建筑书店经销
北京方嘉彩色印刷有限责任公司印刷

＊

开本：787×1092毫米　1/12　印张：19　字数：654千字
2016年8月第一版　2016年8月第一次印刷
定价：**198.00**元

ISBN 978-7-112-19590-9
　　　　（29101）

序 言
PREFACE

　　展现在读者面前的两册精美的建筑图集是中国建筑西北设计研究院屈培青工作室的系列作品。内容丰富多彩，形式新颖多样，为三秦大地增光添彩。屈培青工作室成立于 2010 年，西部大开发的建筑发展为建筑师提供了非常难得的机遇。总师工作室的出现是将企业品牌、总建筑师的知名度及总师团队三者有机结合，充分发挥企业和个人的品牌效应，提高建筑作品的精品意识。

　　屈培青工作室一经成立，屈总就把十几年探索西部地域文化，创作传统民风建筑作为他和工作室的研究方向和特色。他们不受建筑追风的影响，能够沉下心刻苦钻研，依托于对地域文化的思考，潜心研究关中民居建筑和民风建筑，坚持走原创之路，并把这些民风建筑定位为城市的绿叶，甘当绿叶配红花的角色。他带领工作室的一批主创设计师和历届研究生团队深入到关中民居村落中，考察了大量的地方建筑。从非常熟悉的关中民居中提炼建筑文化及元素。其民风建筑作品在尊重历史的同时赋予了新的建筑内涵，从现代建筑中折射出传统建筑的神韵和肌理。这是一条很艰辛的道路，在这条创作道路上，他们有过彷徨和困惑，但是由于热爱和执着，他们坚持了下来，而且在寻路的征程上，不断有新鲜的血液注入这个队伍中来。通过十几年的研究和创作，他们不断走向成熟，成为一支具有较强方案创作实力和综合工程设计能力的青年团队。十几年来他们获得省部级奖 20 多项。其中贾平凹文化艺术馆、延安鲁迅艺术学院及中国革命艺术家博物馆、照金红色文化旅游名镇、韩城古城保护、北京大学光华管理学院（西安分院）、楼观台道教文化展示区、丰县汉皇祖陵文化景区等一批地域文化的作品受到了业界关注。

　　屈培青教授出身于建筑世家，从小成长在中建西北院大院，设计院的文化和家庭的熏陶对他的影响很大，他子承父业选择了喜欢的建筑专业，圆了他儿时的建筑梦。当他学业有成回到中建西北院后，能够虚心拜前辈为师，刻苦学习，不断积累，在创作过程中他始终重视建筑创作的精品意识，孜孜以求，精益求精，三十多年来他主持设计的几十项大型工程，每个项目从方案原创到工程设计，他都认真负责，在工程设计和建筑理论方面具有较高造诣。他严谨的工作作风和优秀的建筑作品得到了同行和业主的认可和好评，也使很多业主慕名找他主持项目设计。

　　屈培青工作室这个创作团队之所以能创作出一批批优秀的建筑作品，也源于院校结合联合办学的模式，屈培青教授不仅是一名优秀的建筑师，还是一名优秀的研究生导师，在西安建筑科技大学、西安交通大学、华侨大学三所高等院校兼任硕士研究生导师。首先，他在建筑创作和建筑艺术上有很扎实的基本功，特别是在建筑画和徒手草图表现方面，经过长期刻苦历练，形成了自己独特的建筑画风格，而且他在带研究生过程中特别注重学生的建筑绘画和艺术修养基本功，为学生建筑创作打下了很好的专业基础。同时他把研究生工作室和屈培青工作室很好的结合，带领研究生在实践中学习，将研究课题、实际工程和教学通过产学研整合为一体，既保证学生学习研究的实际课题，又提升建筑作品的理论水平，走出一条学院与设计院联合办学的创新之路。 根据我们了解，屈培青教授 12 年里共招收研究生 90 名，这也是全国高校建筑学院招研究生人数很高的导师，而且经过他指导的研究生专业能力和综合能力都很强，有一批优秀的青年建筑师已经成为院和工作室主创设计师。他将人才梯队的培养和地域文化的传承有机地结合，保证了这个创作团队创作出一批批优秀的建筑作品，这是一支具有较强方案创作实力和综合工程设计能力的青年团队，特别是对工作的敬业精神，不管是 100 万平方米的超大型项目，还是时间紧急的省市重点工程，只要他们拿到设计任务，就会发扬团队合作精神，从设计质量到设计进度，都能达到甲方提出的要求并按时完成，被甲方称为一支能打硬仗的队伍。

　　屈培青从事建筑创作和建筑设计已经有三十多年，他在学术上不断进取，在专业上执着追求，在工程设计领域取得了卓著成绩，从一名优秀的建筑师成长为中建西北院总建筑师，成为陕西建筑界中青年建筑师学术带头人，并入选陕西省"三五人才工程"（享受政府特殊津贴）。他通过十几年的辛勤耕耘和研究，带领一批优秀的青年建筑师团队，在建筑创作和民风建筑领域中取得了很多成果，这也是探索古城西安新民风建筑的一条创新之路。目前屈培青工作室在传统建筑、民风建筑、现代建筑、中小学建筑和居住建筑等方面创作了一批批优秀的建筑作品。人到中年，名满长安。屈培青工作室已是中建西北院一个创品牌的团队。

　　这两册建筑图集，既是前进脚步的印迹，又是创作大厦的基石，前景光明，前途无限。预祝屈培青工作室在"实用、经济、绿色、美观"的建筑方针指导下，再创新辉煌，阔步向前进。

张锦秋　　　　　　　　　　　　　韩骥

中国工程院院士　　　　　　　　　西安市规划委员会总规划师

中国工程建设设计大师　　　　　　清华大学兼职教授

中国建筑西北设计研究院有限公司总建筑师　　建设部城乡规划专家委员会委员

屈培青

中国建筑西北设计研究院有限公司　　　　　　　　　　　　　院总建筑师
屈培青工作室　　　　　　　　　　　　　　　　　　　　　　工作室主任
国家一级注册建筑师　　　教授级高级建筑师

学术职务：
中国建筑学会建筑师分会　　　　　　　　　　　　　　　　　理事
中国建筑学会建筑师分会人居环境专业委员会　　　　　　　　副主任委员
中国建筑学会　　　　　　　　　　　　　　　　　　　　　　资深委员
中国城市规划学会居住区学术委员会　　　　　　　　　　　　委员
西安市规划委员会专家咨询委员会　　　　　　　　　　　　　委员

社会职务：
西安建筑科技大学　　　　　　　建筑学院　　　　　　兼职教授，硕士研究生导师
西安交通大学　人居环境与建筑工程学院　　　　　　兼职教授，硕士研究生导师
厦门华侨大学　　　　　　　　　建筑学院　　　　　　兼职教授，硕士研究生导师

1984 年评定为陕西省新长征突击手
1998 年入选陕西省"三五人才工程"享受政府特殊岗位津贴
2010 年评为陕西省优秀勘察设计师

Qu Peiqing

· Chief Architect, China Northwest Architectural Design and Research Institute
· Director of Qu Peiqing Studio
· National 1st Class Registered Architect
· Professor of Architecture

Professional Experience：
· Director, Institute of Chinese Architects, Architectural Society of China
· Vice Dean of Human Settlements Council, Architectural Society of China
· Senior Member, Architectural Society of China
· Member of Academic Housing Committee, Urban Planning Society of China
· Member of Advisory Committee, Urban Planning Commission of Xi'an

Professional Affiliations:
Adjunct Professor, Master's Supervisor
· College of Architecture, Xi'an University of Architecture and Technology
· School of Human Settlements and Civil Engineering, Xi'an Jiaotong University
· School of Architecture, Huaqiao University

· Assessed as the new Long March of Shaanxi province in 1984
· Selected in THIRD FIVE TALENTS PROJECT of Shaanxi province in 1998 and received special government allowance
· Assessed as the outstanding designer in Shaanxi Province in 2010

主编：
屈培青

编委：
张超文　常小勇　徐健生　阎飞　王琦　高伟　魏婷　刘林
朱原野　高羽　张文静　张雪蕾　高晨子　何玥琪　屈张

Chief Editor:
Qu Peiqing

Editor:
Zhang Chaowen, Chang Xiaoyong, Xu Jiansheng, Yan Fei, Wang Qi, Gao Wei, Wei Ting, Liu Lin, Zhu Yuanye, Gao Yu, Zhang Wenjing, Zhang Xuelei, Gao Chenzi, He Yueqi, Qu Zhang.

前 言
FORWORD

我作为院总建筑师，几十年来带领我们的创作设计团队一直坚持地域文脉和民风建筑的研究和创作。在2010年，中建西北院又为我们中青年建筑师提供了最好的创作平台，成立了屈培青工作室，工作室发展到今天已经有60余人。其中院总建筑师1名，所总建筑师3名，所总工程师（结构）2名，主创设计师5名，主设建筑师6名，主设工程师1（结构）名，团队中博士、硕士生已达工作室总人数的70%，目前工作室创作方向和作品已扩大到6个版块：1.传统建筑保护与设计；2.中式民居和民风建筑设计；3.现代博览、酒店、办公建筑设计；4.中小学建筑设计；5.居住区规划及住宅设计；6.绿色建筑及被动房建筑设计研究。

工作室先后还成立了两个专项研究中心，即《关中民居研究中心》和《中小学研究中心》。研究中心由工作室总建筑师、主创设计师和在读研究生组成，将研究课题与实际项目相结合，实践项目为研究生提供了研究课题，而理论研究又为实践项目提供了创新方向和设计深度。这种良性循环使工作室形成了明显的优势，提高了核心竞争力。

工作室坚持以"创品牌、做精品"为主导思想，努力为社会奉献优秀的建筑作品，十几年来我们完成了贾平凹文化艺术馆、延安鲁迅艺术学院及中国革命艺术家博物馆、照金红色文化旅游名镇、韩城古城保护、北京大学光华管理学院（西安分院）、楼观台道教文化展示区、丰县汉皇祖陵文化景区、唐城墙新开门遗址保护等一批地域文化的作品。获得省部级奖20多项。

作为院总建筑师和工作室的带头人，我本人30多年的设计实践生涯亦是一个逐渐圆梦、耕耘、传承的过程。从我一个人在圆建筑之梦传承扩大到了一个团队在筑梦。这也反映出中建西北院企业文脉的传承。我生活在一个建筑师之家，我的外祖父是我们家第一代建筑师，1955年响应国家支援大西北的号召，与上海华东院一批建设者们从上海举家迁到西安，在中建西北院工作；我的父亲是第二代建筑师，1955年大学毕业后响应国家号召也分配到中建西北院工作，从此，我们家扎根大西北、心系西北院60年。我在西北院的大院儿长大，看着大人们绘画和设计大楼，我从小就梦想成为一名建筑师，传承外祖父和父亲的专业，设计自己喜欢的房子。后来我真的成了一名建筑学专业的大学生，大学毕业后回到了熟悉的西北院，成为我们家第三代建筑师。

但是，从实现梦想到超越梦想要经历漫长的学习积累和不断探索。在我的建筑师职业生涯中，有院领导的支持和信任，有前辈的教导和辅佐，有同行的关心和呵护，使我的创作之路一步一步夯实。特别是张锦秋院士和韩骥老师对我的点拨，在2000年全国设计市场一片繁荣的年代，两位老师就告诫我要静下心来刻苦钻研，从创作方向去研究我们西北的地域文化和民风建筑。从那时开始我就潜心研究和辛勤耕耘，把这个目标作为自己的研究方向。但是要研究需要做扎实的调研工作和刻苦的钻研精神。

十几年来，我在做建筑创作的同时，还担任了西安建筑科技大学、西安交通大学、厦门华侨大学三所高校的硕士生导师，从2004年开始我共计招了90名硕士研究生，目前60多名毕业生已成为各大设计院的青年骨干。其中有40%的毕业生毕业后直接招聘到我的工作室工作。在研究生培养过程中，我特别关注学生的刻苦学习态度，注重培养学生对工作的责任心。在这个基础上我培养学生对建筑创作的兴趣，提高他们的建筑表现力和建筑艺术修养，带领学生参加实际工程设计，在实践工程的学习中掌握建筑创作的基本方法和综合设计能力。使他们毕业后就具备认真的工作态度、严谨的工作作风和直接参加建筑创作及实际工程设计的能力。通过带研究生我培养了一个很强的创作团队和一批优秀的青年主创建筑师。我将研究生的教学培养和建筑创作结合为一体，学生在学习阶段既有实践课题做研究，又拉近了院校之间培养学生的距离。设计院既能够抽出一部分主创建筑师与学生们一起针对研究课题为设计做更深入的调研，又能保证设计任务的顺利完成。特别是在研究关中民居和民风建筑创作过程中，很多实际项目前期方案由我带领我们的主创建筑师和研究生团队当作研究课题去做，待后期方案成熟后我再带领建筑师完成工程设计，这就将研究和设计很好地结合与转换。

我认为我们工作室这个创作团队之所以能创作出一批批优秀的建筑作品，一是靠中建西北院央企的品牌支撑，二是甲方对我们老总的认可度及我对项目认真负责的态度，三是我们这个团队高水平的创作能力和优秀的服务意识，这三者的集成，缺一不可。回顾30多年的设计生涯，能够圆梦非常欣慰。但更让人感到欣慰的是我和团队能够从一开始就选择了走民风建筑这条创作之路。多年耕耘让我们认识到只有民族的才是永久的，传统与现代的结合不是简单的叠加，而是要去寻找、研究其内涵并加以提炼。我们会沿这条路一直走下去。

中国建筑西北设计研究院有限公司 总建筑师

CONTENTS 目录

乡愁之筑

楼观台道教文化展示区

LOUGUANTAI TAOIST CULTURAL EXHIBITION SQUARE

建设单位：西安曲江大明宫投资（集团）有限公司
建筑规模：一条轴线，九进院落，十座大殿
建筑面积：总建筑面积 21000m²
方案设计：屈培青 徐健生 高伟 贾立荣 魏婷 姬传龙
工程设计：屈培青 贾立荣 于新国 徐健生
　　　　　丁海峰 李琼 郑钫 蔡红
获奖情况：中国民族优秀建筑 - 建筑文化传承典型项目称号
　　　　　陕西省建设工程长安杯奖（省优秀工程）
　　　　　全国优秀工程勘察设计行业奖传统建筑三等奖
发表论文：《问道楼观——记西安楼观道教文化展示区设计》
　　　　　——《建筑文化遗产杂志》 第 14 期

项目简介：

楼观台，位于陕西省西安市周至县东南 15km 的终南山北麓，此处峰峦叠嶂、松柏成荫，有着老子说经台、宗圣宫、老子墓、秦始皇清庙、汉武帝望仙宫、大秦寺塔以及炼丹炉、吕祖洞、上善池等 60 余处古迹，且依山带水，风景优美，号称"天下第一福地"。

说经台位于终南山北麓的一高冈上，坐北朝南，占地 9432.5m²。南北纵长 182.6m，东西平均宽 30m，平面呈不规则矩形，中轴线上自南向北主要建筑依次排列有：前山门、灵官殿、老子祠山门、启玄殿、斗姥殿、救苦殿和后山门，两侧建有配殿、厢房和展廊，均系明清风格。整体布局以多层次向纵深发展，建筑规模宏大，形制完整，主次分明，浑然一体。相传老子在楼观群山北面的一座小冈上设坛阐说《道德经》五千言，这小冈也因此得名"说经台"；到了唐武德年间（公元 620 年），高祖李渊认老子为其远祖，在楼观尹喜故宅修建道观祭祀老子，命名为"宗圣观"，道观位于说经台以北约 1km 处，元代重修宗圣观，并更名为"宗圣宫"。金元以前，楼观的道教活动主要集中在宗圣宫，明清以后，宗圣宫虽然屡有修建，但规模和香火等景况已远不如先前，呈日渐衰落之势。因此，道教活动的中心逐渐由宗圣宫退至说经台，楼观也被称为"楼观台"。

正因为楼观台地区具有丰富的道教文化历史和自然风景资源，为将楼观台打造成道教文化展示区，成为西安的后花园，现新建楼观台道教文化展示区，以文物博览、旅游观光、道文化交流等为产业依托，以自然生态为景观环境，以道教文化为基本文化氛围，以珍稀野生动植物和山林景观为游览对象，为人们在道韵清悠的秦岭之巅感悟三千年的历史积淀提供新场所。

项目选址位于周至楼观台老子说经台古迹的中轴线上，北起环山路，南依老子说经台，地理位置得天独厚。景区总占地面积约 700 亩。总建筑面积为 1.8753 万 m²，南北轴线达 1400m，东西 240 余米，全群共有大小殿宇 26 座。项目设计在整体规划构思上遵从九进院落、十座殿堂的最高道教布局规制；在建筑形态上采用金顶朱墙、等级分明的理念，烘托道教文化的整体氛围；在总体规划构思上采用"经一至九、九九道成"的原则紧扣道教文化主题。

总体布局上，用道教中的"一元初始、太极两仪、三才相和、四象环绕、五行相生、六合寰宇、七日来复、八卦演易、九宫合中"的文化概念设计核心空间序列。充分结合地形，使总体布局成为"一条轴线、九进院落、十大殿堂"的格局。以太清门、上清门、玉清门三段划分轴线，形成道教"三清圣境"。景区规划以典型的龙穴砂水格局形成建筑景观布局，以楼观台正山门、玉清门、上清门、太清门及三清大殿将中轴线依乾卦六爻划分为六段，从"初九潜龙勿用"至"上九亢龙有悔"印证了道教思想科学发展的观点。在设计上既尊重道教宫观形制的基本原则，又满足现代道教人士的需求同时符合现代旅游的需要，形成综合性的旅游景区。所谓"台观巍峨，水山灵秀"，问道于此，五千言鸿论可闻，八万里仙踪可追，呈现给世人的是一幅博大厚重的精神画卷。

01. 楼观旧照—宗圣宫山门 　　（摄影：屈培青）
　　 Zong Shenggong Gate
02. 楼观旧照—宗圣宫紫云衍庆楼（摄影：屈培青）
　　 Ziyun Yan Qing Building
03. 楼观旧照—说经台山门 　　（摄影：屈培青）
　　 Sermon Stage Gate
04. 楼观旧照—说经台老子祠 　　（摄影：屈培青）
　　 Lao-Tzu Temple
05. 鸟瞰实景照片 　　　　　　　（摄影：张　彬）
　　 Aerial View Photo
06. 总平面图
　　 General Plan

01	02
03	04
05	

06

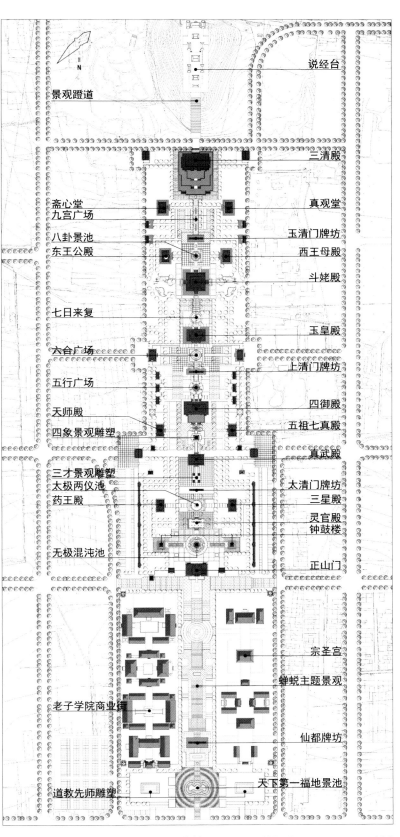

说经台
景观蹬道
三清殿
斋心堂
九宫广场
真观堂
八卦景池
玉清门牌坊
东王公殿
西王母殿
斗姥殿
七日来复
玉皇殿
六合广场
上清门牌坊
五行广场
四御殿
天师殿
四象景观雕塑
五祖七真殿
真武殿
三才景观雕塑
太极两仪池
太清门牌坊
药王殿
三星殿
灵官殿
钟鼓楼
无极混沌池
正山门
宗圣宫
蝉蜕主题景观
老子学院商业街
仙都牌坊
天下第一福地景池
道教先师雕塑

01. 天下第一福地广场　　　　　（摄影：成　社）
The Best Blessing Square
02. 仙都牌坊　　　　　　　　　（摄影：贺泽余）
Xiandu Memorial Archway
03、04. 仙都牌坊　　　　　　　　（摄影：屈培青）
Xiandu Memorial Archway

01	
02	04
03	

01. 山门 　　　　　　　　　　　　（摄影：屈培青）
Temple Gate

02. 太清门牌坊 　　　　　　　　　（摄影：贺泽余）
Taiqing Gate Memorial Archway

03. 太清门牌坊夜景 　　　　　　　（摄影：成　社）
Nightscape of Taiqing Gate Memorial Archway

04. 太清门牌坊与太极两仪池 　　　（摄影：姜　平）
Taiqing Gate Memorial Archway
& Tai Chi Astrotech Pool

```
        01
    ┌──────┬──────
        02     04
    ├──────┤
        03
```

01. 灵官殿与无极混沌池景观 　　　　（摄影：贺泽余）
    Lingguan Palace and the Chaos Pool
02. 真武殿 　　　　　　　　　　　　（摄影：成　社）
    Zhenwu Palace
03. 四御殿 　　　　　　　　　　　　（摄影：屈培青）
    Siyu Palace
04. 斗姥殿及其殿前的丹陛 　　　　　（摄影：成　社）
    Doumu Palace and the Danbi

斗姥殿 （摄影：成 社） Doumu Palace

上清门牌坊　　　（摄影：望月久）
Shangqing Gate Memorial Archway

传统历史建筑 楼观台道教文化展示区

三清殿（摄影：屈培青）Sanqing Palace

楼观台道家文化展示区

TAOIST CULTURAL EXHIBITION SQUARE

建设单位：西安曲江大明宫投资（集团）有限公司

建筑规模：一条轴线，四大广场，三座大殿

建筑面积：总建筑面积 9087m²

方案设计：屈培青 徐健生 高伟 贾立荣

工程设计：屈培青 徐健生 曹晖 刘奚青 王晓 乔林

项目简介：

楼观台道家文化展示区与楼观台道教文化展示区不同，如果说道教文化展示区重在道教文化展示，则道家文化展示区则重在呈现道家思想。

道家文化展示区在总体规划设计上以"一条景观轴线、四大主题广场、三个大殿、老子墓遗址"为核心主题，布局上形成"依山为陵、两水聚气、气势恢弘"的建筑景观。建筑色彩以黑、白、灰为主，粉墙黛瓦、茅棚阡陌，整体风格粗犷而不乏细节。展示区从北至南，整个建筑群依次由大陵门、玄武门、祭祀大殿、老子墓碑展厅所组成。其中的祭祀大殿为全区的核心标志性建筑，整体架构苍劲有力且古朴厚重，四面透空与山川形胜相

容，仿佛在向世人讲述着道家的清静无为、与世无争，又将传统古建的鲜明特色加以呈现，该建筑设计从宏观上协调与大环境山川形胜的关系，在格局上赋予了鲜明的民族特征，既与中国传统建筑一脉相承又具有浓郁的时代气息，展示区由老子广场作为开端，广场中心布有静态水景，穿过大陵门两侧门洞，到达道德经广场。东西两侧配以道经37通及德经41通碑刻，广场向南穿过玄武门；步入道家广场，中心为"孔子问学"主题雕塑，最后通过祭祀广场及后侧的盘山小路，到达老子墓碑展厅，所谓山水形胜，一脉相承，道法自然，大象无形。

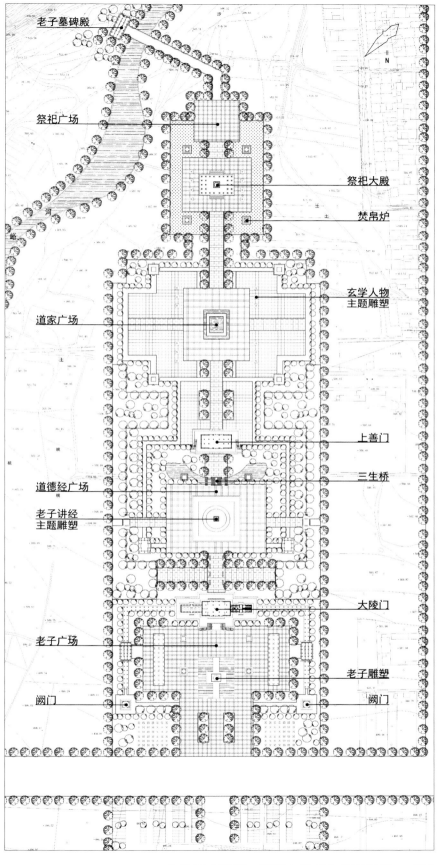

01. 鸟瞰效果图
Aerial View Rendering
02. 上善门北立面效果图
Rendering of North Elevation of Shangshan Gate
03. 上善门南立面效果图
Rendering of South Elevation of Shangshan Gate
04. 总平面图
General Plan

老子墓碑殿

祭祀广场

祭祀大殿

焚帛炉

玄学人物
主题雕塑

道家广场

上善门

三生桥

道德经广场

老子讲经
主题雕塑

大陵门

老子广场

老子雕塑

阙门

阙门

N

传统历史建筑 楼观台道家文化展示区

01

02 | 03
| 04

01. 大陵门北立面效果图
    Rendering of North Elevation of Daling Gate
02. 祭祀大殿效果图
    Sacrifice Palace Rendering
03. 大陵门南立面效果图
    Rendering of South Elevation of Daling Gate
04. 老子墓效果图
    Lao-Tzu's Tomb Rendering

唐城墙新开门遗址保护

THE HISTORICAL RESERVATION AREA OF TANG CITYWALL XINKAI GATE

建设单位：西安曲江新区土地储备中心
西安曲江大唐不夜城文化商业
（集团）有限公司
建筑规模：一座门楼，两座角楼及局部城墙
建筑面积：总建筑面积 19005m²
方案设计：屈培青 徐健生 王琦
工程设计：屈培青 徐健生 常小勇 王琦 杜韵
闫文秀 王晓玉 毕卫华 郑苗 李士伟

01		03
	02	

01. 新开门实景照片（摄影：屈培青）
Photo of Xinkai Gate
02. 新开门唐长安城区位
Xinkai Gate's Location in Tang Dynasty
03. 总平面图
General Plan

项目简介：

　　"新开门"位于今西安市南郊曲江，为唐长安城新开门故址。据史书记载，唐开元年间，唐玄宗和杨贵妃为前往曲江游览，下令修建了御用的夹城，为了这道夹城，就在长安城城墙新增加了一个便门，名叫新开门，它是通往曲江的夹城的出口。据《旧唐书·玄宗纪上》记载："开元二十年六月，遣范安及于长安广万花楼，筑夹城至芙蓉园。"

　　本项目选址于西安市曲江新区，紧邻大唐芙蓉园与曲江池遗址公园，其选址与唐城墙外郭城的东南夹城城门新开门的原址相吻合，景观优势与文化优势凸显。新开门段城墙建成后将与曲江唐城墙遗址公园连为一片，使得长安的南城墙更为完整地展现于世人面前。鉴于新开门在唐长安城与现代西安城中的重要位置，应争取通过博览与展示功能向人们提供一个沟通历史与现代，具有浓重唐风韵味的标志性建筑，同时完善了西安唐城墙遗址公园的东南侧布局。

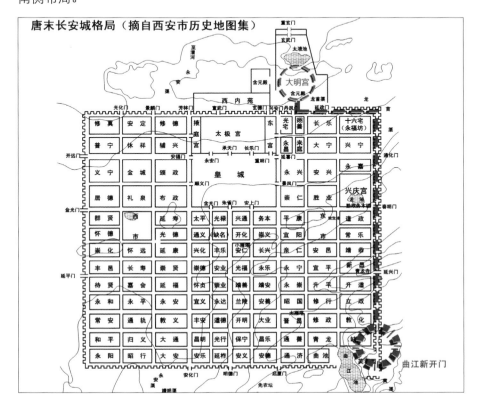

唐末长安城格局（摘自西安市历史地图集）

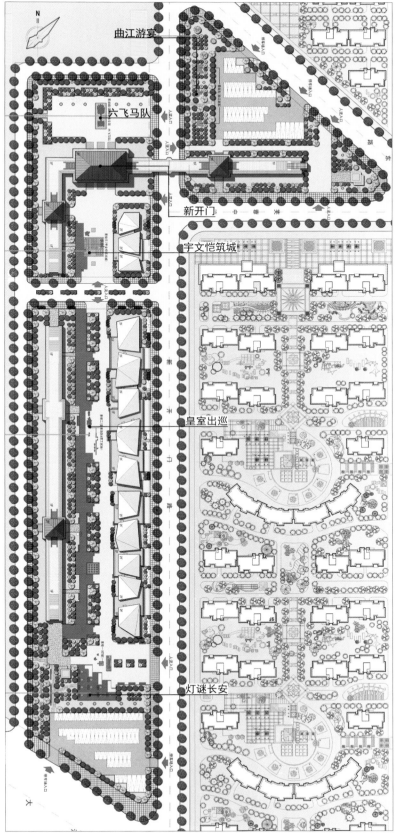

曲江游宴
六飞马队
新开门
宇文恺筑城
皇室出巡
灯谜长安

传统历史建筑 唐城墙新开门遗址保护

01	03
02	04

01. 鸟瞰效果图
    Aerial View Rendering
02. 鸟瞰实景照片　　　　　（摄影：常小勇）
    Aerial View Photo
03. 立面图
    Elevation
04. 新开门实景照片　　　　　（摄影：常小勇）
    Photo of Xinkai Gate

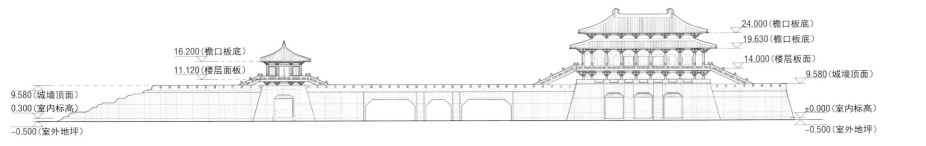

16.200（檐口板底）
11.120（楼层面板）
9.580（城墙顶面）
0.300（室内标高）
−0.500（室外地坪）

24.000（檐口板底）
19.630（檐口板底）
14.000（楼层板面）
9.580（城墙顶面）
±0.000（室内标高）
−0.500（室外地坪）

01. 城门楼实景照片 　　（摄影：常小勇）
Photo of Tower over Gate

02. 城墙端部实景照片 　　（摄影：常小勇）
Photo of End of City Wall

03. 角楼实景照片 　　（摄影：常小勇）
Photo of Corner Tower

04. 新开门实景照片 　　（摄影：常小勇）
Photo of Xinkai Gate

汉皇祖陵规划及建筑单体

HANHUANG CEMETREY PLANNING AND BUILDING

建设单位：丰县金刘寨旅游开发有限公司
建筑规模：南北轴线 2.1km 总用地 46 hm²
建筑面积：总建筑面积 18280m²
方案设计：屈培青 徐健生 高伟 白少甫
工程设计：屈培青 于新国 徐健生 高伟 王世斌 王彬 马庭愉 李世伟

01	03
02	

01. 鸟瞰效果图
    Aerial View Rendering
02. 汉皇祖陵现状照片　　（摄影：徐健生）
    Present Photos of Hanhuang Cemetery
03. 总平面图
    General Plan

项目简介：

　　丰县位于江苏省西北部，隶属江苏省徐州市，处于苏、鲁、豫、皖四省交界之地，古称丰邑，历史悠久、资源富集，是汉高祖刘邦家乡，也是刘邦的曾祖父刘清的墓冢所在地。项目南接321省道，北临白银河，景区由南向北，主轴线上依次主要规划设计有五德广场、汉源大道、大风广场、汉文化博物馆、祖陵大道、祖陵广场、神道、山门、祭祀大殿、寝殿、封土、汉里祠等广场及建筑。

　　整体规划布局上采用"前庙后陵、引水聚气"等原则；在景观塑造上，将基地条件与五行星象相结合，理水堆山，诠释汉"德"。单体风格上，以"黑—白—灰"为主，粉墙黛瓦，朴实无华，充分体现了汉代建筑的朴拙与大美。其中，汉文化博物馆为汉文化体验区的核心建筑，两层台阶上托刘邦雕像，成为进入入口阙门之后的对景，台基内部作为汉代文化展览，外立面以沙岩色夯土肌理为主要元素，局部点缀青铜纹样突显汉代审美之大美与拙朴；作为祖陵祭祀区核心建筑的祭祀大殿，以上大下小的斗形面向苍穹，以最简洁的几何形体形成最大的震撼力，主体结构为钢结构，外墙材料为仿夯土肌理的混凝土装饰挂板，素雅工整，而不失华丽，大殿顶部为圆形露天设计，体现了"天圆地方"、"天人合一"的设计思想。既有传统古建筑的风格韵味，又运用了现代建筑的营造技术，气势宏伟、庄严、古朴、肃穆。仿佛一个抽象的祭祀礼器，成为了游人心中的一座挥之不去的精神符号。总之，该项目是以汉文化展示为目的，集根祖祭祀拜谒、楚汉文化体验于一体的文化旅游景区，建成后将兼备汉代文化展示与汉皇祖陵祭祀的双重文化功能。

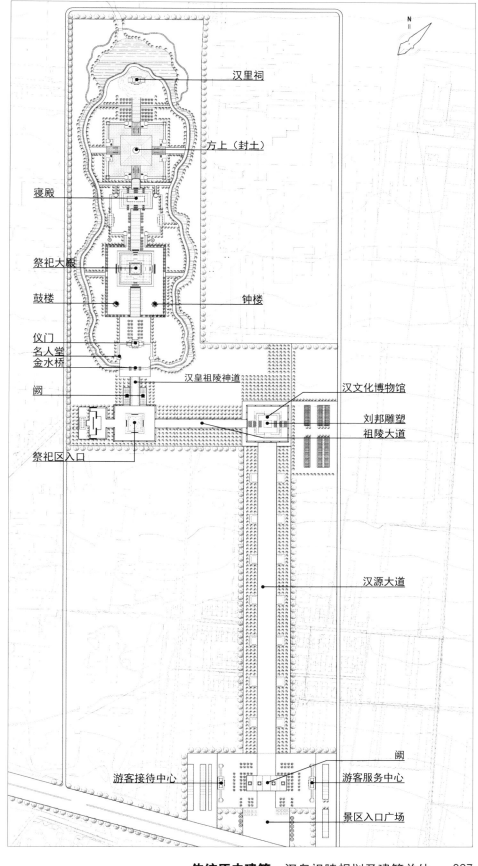

汉里祠

方上（封土）

寝殿

祭祀大殿

鼓楼　　　　　　钟楼

仪门

名人堂

金水桥

阙

汉皇祖陵神道

汉文化博物馆

刘邦雕塑

祖陵大道

祭祀区入口

汉源大道

阙

游客接待中心　　　　游客服务中心

景区入口广场

01. 入口实景照片　　　　　　　（摄影：屈培青）
    Photo of Entrance

02. 汉文化博物馆效果图
    Rendering of Han Culture Museum

03. 汉文化博物馆手绘图　　　　（作者：高　伟）
    Sketch of Han Culture Museum

04、05. 阙实景照片　　　　　　（摄影：屈培青）
    Photo of Que

传统历史建筑 汉皇祖陵规划及建筑单体

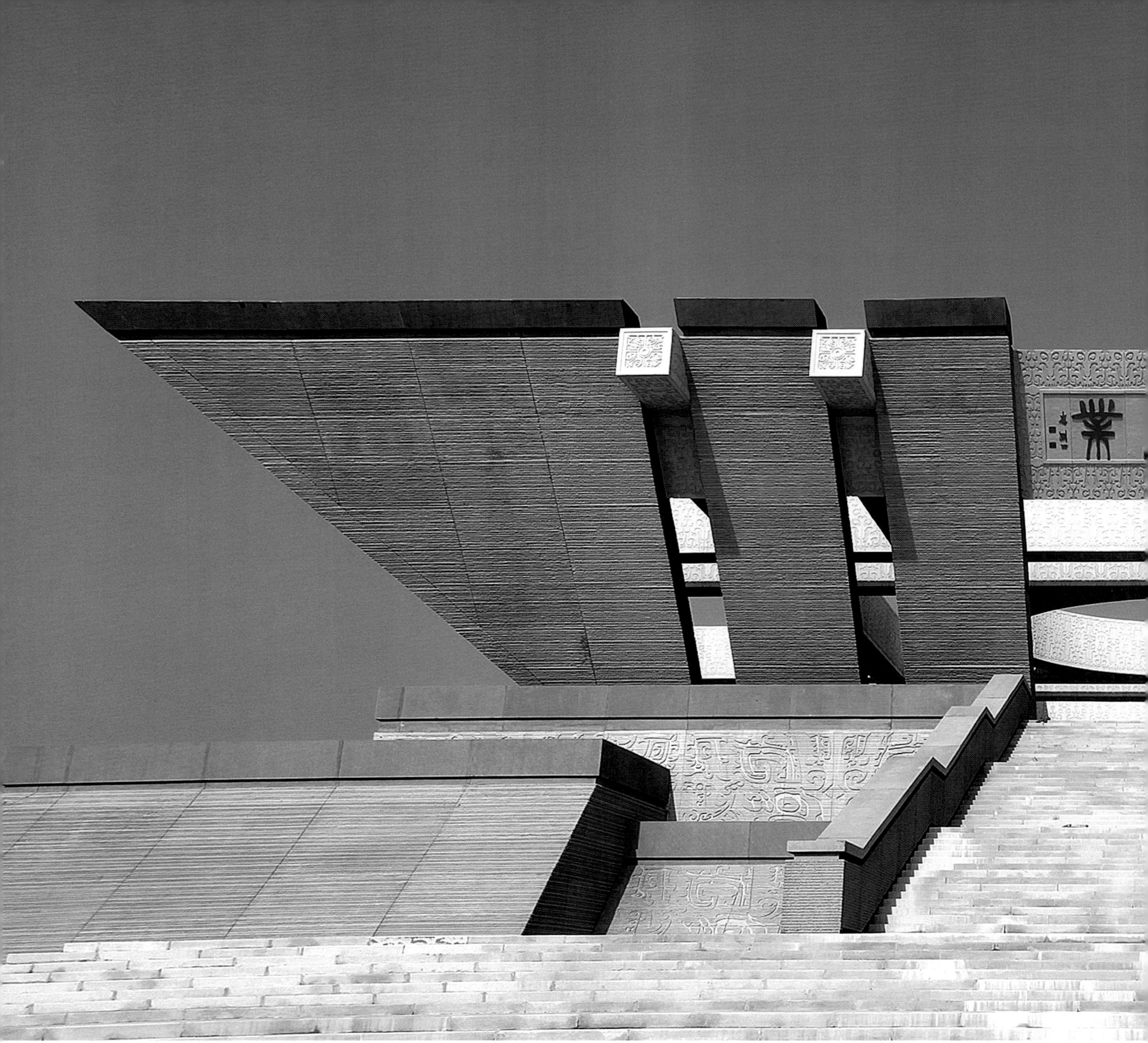

祭祀大殿实景照片 （摄影：屈培青） Photo of Sacrifice Palace

传统历史建筑 汉皇祖陵规划及建筑单体

01、02. 祭祀大殿实景照片（摄影: 屈培青）
Photo of Sacrifice Palace
03. 祭祀大殿实景照片　（摄影: 屈培青）
Photo of Sacrifice Palace

01~05. 祭祀大殿实景照片　（摄影: 屈培青）
Photo of Sacrifice Palace

01. 仪门实景照片　　　　　（摄影: 屈培青）
    Photo of Yi Gate
02. 游客服务中心实景照片　（摄影: 屈培青）
    Photo of Tourist Center
03. 山门方案效果图
    Gate Rendering
04. 献殿方案效果图
    Xian Palace Rendering
05. 墓冢改造效果图
    Tomb Renovation Rendering

河南济源王屋山景区道境文化广场

TAOIST CULTURAL SQUARE OF HENAN JIYUAN WANGWU MT. TOURIST AREA

建设单位：济源市旅游集团有限公司
建筑规模：一条轴线、九大节点
建筑面积：总建筑面积 8776m²，
　　　　　总用地 9.2 hm²
方案设计：屈培青 徐健生 常小勇 刘林
工程设计：屈培青 常小勇 徐健生
　　　　　潘映兵 汤建中 陈晓辉 李士伟

项目简介：

　　王屋山位于河南省济源市西北部，因状如王者之屋而得名。其地处古代华夏文明的中心区，是中国九大名山之一，又是古代"四渎"之一济水的发源地。在秦汉之前，王屋山就被人们所关注，这不仅得益于其得天独厚的区域位置，也因其拥有秀美的山川与富饶的自然资源。从愚公移山的传说，到道教文化的兴盛，加之历代文人骚客的留恋与赞颂，王屋山形成了独具特色的文化背景。

　　为弘扬道教文化精神，展现王屋特色，河南省济源市拟建道境文化广场，本案以道教"天下第一洞天"文化内涵为主线，景区千余米的轴线充分运用了场地地形，各单体均衡布置，体现了"道法自然"的道教思想，轴线两侧将用地范围适当放大，作为园林绿化，有林有场，追求意境。中轴两侧共计布置三处水景，寓意济水的三伏三出与神秘莫测，景区设计充分展示了自然与人文特色，且时间、地点、人物、事件一应俱全。可以说，华夏文明之源头，济水道境之极地，尽在这"清虚小有之别天"了，问道、寻道、思道、得道尽在其中。

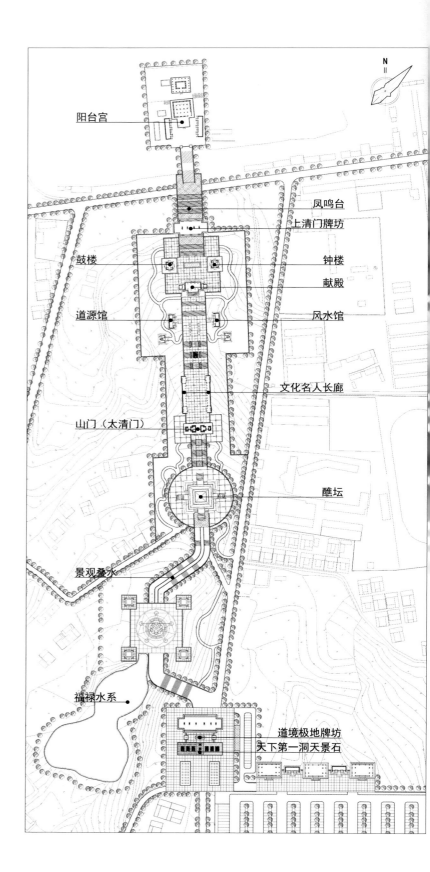

01. 阳台宫现状照片
Present Photo of
Yangtai Palace

02. 规划设计总平面
General Plan

03. 鸟瞰效果图
Aerial View Rendering

04. 王者之屋手绘图（作者：徐健生）
Sketch of House of King

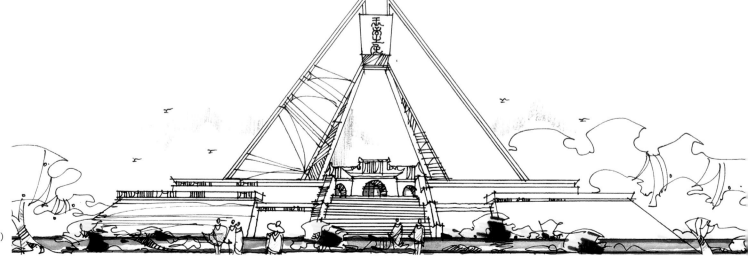

传统历史建筑 河南济源王屋山景区道境文化广场

<table>
<tr><td rowspan="3">01</td><td>02</td><td>03</td></tr>
<tr><td colspan="2">04</td></tr>
<tr><td colspan="2">05</td></tr>
</table>

01. 王者之屋透视效果图
House of King Rendering
02. 舞楼阁透视效果图
Wulouge Rendering
03. 山门透视效果图
Temple Gate Rendering
04. 献殿透视效果图
Xian Palace Rendering
05. 道境极地牌坊效果图
Rendering of Dao Arch Memorial Archway

楼观台道教文化展示区传统商业街

THE COMMERCIAL STREET OF LOUGUANTAI TAOIST CULTURE EXHIBITION SQUARE

建设单位：西安曲江大明宫投资（集团）有限公司
建筑规模：明清建筑风格，地上2层、局部3层
建筑面积：总建筑面积 12590m²
方案设计：屈培青　阎飞　李大为
工程设计：屈培青　常小勇　阎飞　李大为
　　　　　王世斌　耿玉　马庭愉　李士伟

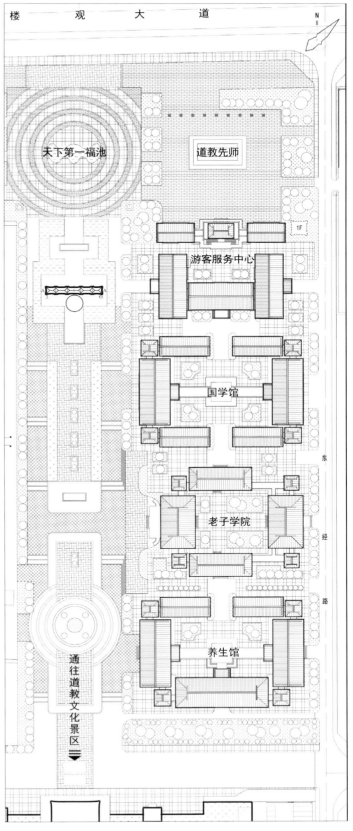

01 | 03
02

01. 鸟瞰实景照片　　　　　（摄影：贾华勇）
　　Aerial View Photo
02. 游客服务中心实景照片（摄影：张　彬）
　　Photo of Tourist Center
03. 规划总平面图
　　General Plan

天下第一福池

道教先师

游客服务中心

国学馆

老子学院

养生馆

通往道教文化景区

项目简介：

　　楼观台商业街项目位于西安楼观台道教文化景区的东北角。从总体规划上既与西侧的宗圣宫保持对称，又与整个景区的建筑群相互融合。项目的建设将有助于完善景区的配套体系，是整个景区不可分割的一部分。

　　商业街项目的业态分布充分考虑到了景区的配套服务与道教文化的结合，沿主轴线从北至南四组院落分别是游客服务中心、国学馆、老子学院以及养生馆。游客服务中心以 5A 级景区的标准设计，是整个景区的窗口，在这里设计了一座重檐歇山三开间门楼建筑，与西侧的宗圣宫规制保持一致。

　　项目整体规划纵向布置四组院落，每组院落相对独立又互相呼应，从商业的角度来说，有利于形成以点带面的商业氛围。四个院落与道教景区的主轴线相连通，将项目基地东侧的人流吸引至此。而且此布局最大的优势在于院落自成体系，院与院之间又形成街道空间，场街院空间体系明确。

　　项目单体设计主要采用明、清传统建筑风格，与道教文化景区的建筑风格相协调，屋顶形式主要采用悬山造型，部分节点空间设计有歇山屋顶，建筑形制符合功能所需的空间尺度。四个院落的空间感受和形态辨识度不尽相同，给游人带来了丰富的观游体验。高低错落的坡屋顶与贯穿其间的广场、庭院、街道空间相结合，利用现代建筑材料虚实结合的设计手法，使该建筑群在保留传统元素的同时，又具有自身的时代特点。

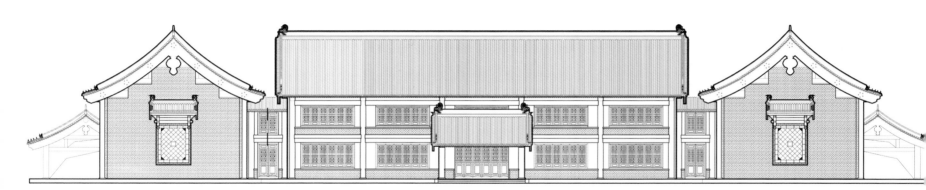

01. 养生馆街景照片 （摄影：屈培青）
Photo of Health Club Street

02. 小角楼实景照片 （摄影：屈培青）
Photo of Corner Tower

03. 连廊实景照片 （摄影：屈培青）
Photo of Corridor

04. 立面图
Elevation

05. 游客服务中心照片（摄影：常小勇）
Photo of Tourist Service Center

06. 国学馆庭院照片（摄影：常小勇）
Photo of Chinese Culture Museum

07. 国学馆沿街照片 （摄影：常小勇）
Photo of Chinese Culture Museum

传统历史建筑　楼观台道教文化展示区传统商业街

```
        ┌─────
     01 │
  ───────┼────┐
  02 │ 03│ 04
  ───────┘
```

01. 老子学院主楼实景 （摄影：屈培青）
    Photo of Main Building of Lao-Tzu College
02. 老子学院街景 （摄影：屈培青）
    Photo of Lao-Tzu College Street
03. 老子学院角楼实景 （摄影：屈培青）
    Photo of Corner Tower of Lao-Tzu College
04. 养生馆街景 （摄影：屈培青）
    Photo of Health Club Street

传统历史建筑　楼观台道教文化展示区传统商业街　047

传统历史建筑 楼观台道教文化展示区传统商业街

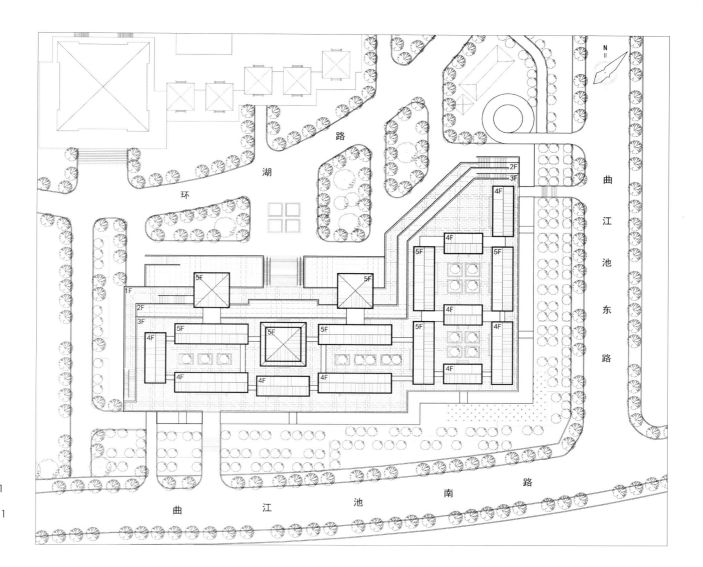

01. 方案一鸟瞰效果图
Aerial View Rendering of Design 1
02. 方案一透视效果图
Perspective Rendering of Design 1
03. 方案一总平面图
General Plan of Design 1

曲江南湖综合商业·麒麟阁

QUJIANG SOUTH LAKE
DISTRICT SHOPPING MALL

建设单位： 西安中铁建投地产有限公司
建筑规模： 传统商业建筑，地上 5 层、
地下 3 层
建筑面积： 总建筑面积 10 万 m²
方案设计： 屈培青 徐健生 高伟
王一乐 崔丹 魏婷

项目简介：

本项目位于西安市曲江新区南湖湖畔，曲江池东路与南路的十字交汇处。地理位置优越，毗邻曲江核心区的三大遗址公园：南湖遗址公园、寒窑遗址公园及秦二世墓遗址公园。基地北侧是南湖遗址公园及其核心景观——阅江楼。项目用地约 22.2 亩，形状不规则，坡度明显，地形呈南高北低的趋势，其间高差可达 20 余米。本方案总建筑面积约 10 万 m²，地上 5 层，地下 3 层，是一个包含商业、餐饮、教育、酒店、民俗、停车等多功能的综合性商业建筑。方案北朝南湖，层层退台，使高差对建筑的影响减少到最小的同时又能满足规范的防火及疏散要求。本方案在平台顶部设计了一组仿唐风格的古建筑群落以回应周围环境。这组建筑高地错落、变化丰富，和台基一起，满足了大型综合商业的功能要求，充实了南湖景观的构图。泛舟湖上，你可以见到它仿佛背景一般衬托于阅江楼之后，弱化了大型商业建筑对南湖遗址公园景观的影响。

传统历史建筑 曲江南湖综合商业·麒麟阁

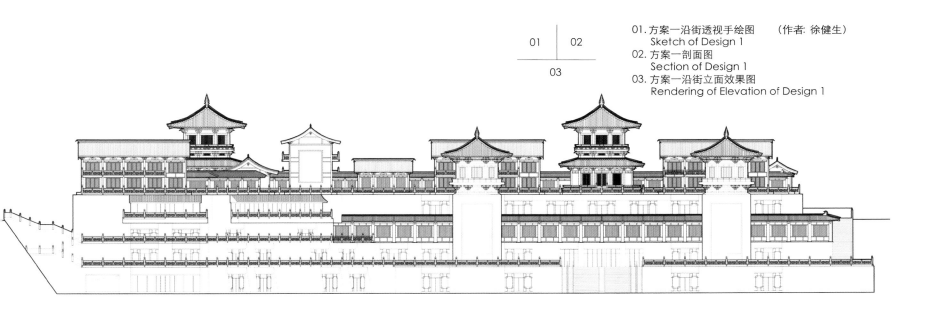

01. 方案一沿街透视手绘图 （作者：徐健生）
    Sketch of Design 1
02. 方案一剖面图
    Section of Design 1
03. 方案一沿街立面效果图
    Rendering of Elevation of Design 1

传统历史建筑 曲江南湖综合商业·麒麟阁

西安天坛遗址保护

PROTECTION OF TIANTAN RUINS IN XI'AN

建设单位：西安曲江土地储备中心
建筑规模：南北轴线 359m，
　　　　　总用地 2.87hm²
建筑面积：总建筑面积 1680m²
方案设计：屈培青 闫飞 徐健生
　　　　　王一乐 白少甫

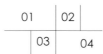

01	02
03	04

01. 鸟瞰效果图
　　Aerial View Rendering
02. 总平面图
　　General Plan
03. 现状实景照片（摄影：屈培青）
　　Photo of Present Situation
04. 博物馆效果图
　　Museum Rendering

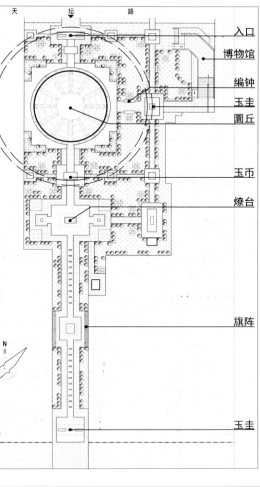

项目简介：

　　西安隋唐天坛，始建于隋代开皇十年——即公元590年，是隋唐两代天子祭天之处，比建于明代嘉靖九年（公元1530年）的北京天坛早了近一千年，从隋初到唐末，圜丘沿用了314年，隋唐多位皇帝都曾在此进行过祭天礼仪。是中国现存最早的皇帝祭天礼仪建筑，被誉为"天下第一坛"。1999年3月，由社科院考古队发掘出土，整体较为完好。圜丘共有四层，全用土堆砌而成，圆坛白灰抹面，圜丘高约8m，最底层的面径约54m，第二层面径约40m，第三层约29m，第四层（即顶层）约20m。各层高1.5~2.3m不等，顶层的圆心位置可见一小凹坑。

　　本方案主入口位于会展路，次入口位于天坛路。天坛遗址公园御道宽度为30m，项目用地边界东西宽157.47m，南北长362.94m，文物保护用地界线范围半径长67.45m。项目在总体布局上采用两轴一心的布局方式，以御道为主轴线及视线通廊，南北贯穿以圜丘为中心的核心空间。圜丘周边环绕布置景观，很好地体现了遗址空间的环境品质及文化表征，纪念馆围绕圜丘东侧下沉处理，在高度上致敬圜丘，同时游客的游线也有了高差的变化，丰富了空间的趣味。整

个遗址公园内御道及下沉场地均最大程度保留了圜丘的视线观赏空间，使得游人处在公园的任何一处均能很好地保证视线不被遮挡。

　　天坛整个轴线高低错落营造出丰富的空间感受。整个方案设计有礼仪、游览两条轴线，其中礼仪轴线作为空间的中轴线贯通场地南北中央，包括燎台、祭台等重要空间，组成了天坛公园的礼仪秩序。整个轴线在纵向上经过南侧入口开敞空间节点，经过御道后，上台阶进入燎台区域，与祭台相呼应，一高一低，在视觉上保持冲击力，在高度上体现了对天的尊崇。游客可在游览的过程中感受隋唐时期的繁盛。纪念馆在建筑设计上吸收了圜丘四周墙墙的概念，利用几组夯土墙撑起建筑主体，和天坛主体相呼应，烘托出了圜丘的中心地位。同时纪念馆采用了半下沉的手法，既从高度上尊重了圜丘，又形成了独特的半地下庭院空间。

　　整个项目对历史文物进行充分的保护，在核心保护范围外进行适度的开发利用，更好地传达出了历史文物在当下的现实意义，有效地依托深厚的文化资源提升了城市的形象，对于相似类型建设项目起到了很好的示范作用。

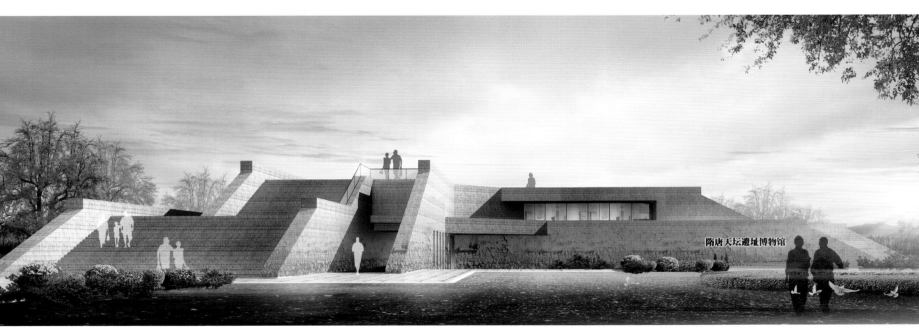

韩城古城保护——古城门
HANCHENG ANCIENT CITY GATE

建设单位：韩城市旅游发展委员会
陕西文化产业（韩城）投资有限公司
建筑规模：南、北门为一城一门城楼式建筑，
东门为场景复原景观类建筑
建筑面积：总建筑面积 4200m²
方案设计：屈培青 徐健生 王琦 张彬 白少甫

项目简介：
　　韩城古城门保护属于韩城古城修建性改造保护规划中的一个子项。
　　古城城门：韩城古城历史上有城墙围绕，并有在东西南北四个方向的四座城门楼。城墙限定了韩城古城的轮廓，是古城的外围骨架，是古城防御工事的体现，体现了古城军事要塞的历史背景。城墙现虽然未能保存，但城墙的轮廓由环城路继承。本案在搜集史料的基础上，着重对四方城门加以修复，附带城墙是对原有一周城墙的意向性表达。

01	04
02	05
03	06

01. 古城北门效果图
　　Nouth Gate Rendering
02. 古城南门效果图
　　South Gate Rendering
03. 古城东门效果图
　　East Gate Rendering
04. 古城北门夜景效果图
　　Rendering of Nouth Gate Nightscape
05. 古城南门夜景效果图
　　Rendering of South Gate Nightscape
06. 古城东门夜景效果图
　　Rendering of East Gate Nightscape

画图与王维作画图
画面罗山胡宪井
一条带水绕龟湖
形如丹凤飞衔印
势似苍龙卧吐珠
此处不堪为县治
更于何处锋皇都

韩城古城保护——县衙、中营庙

HANCHENG ANCIENT COUNTY YAMUN
& ZHONGYIN TEMPLE

建设单位：陕西文化产业（韩城）投资有限公司
建筑规模：官式院落建筑群；
　　　　　地上 1 层，局部 2 层
建筑面积：县衙 3600m²；中营庙 1200m²
方案设计：屈培青 徐健生 王琦 张彬 白少甫

项目简介：

　　韩城县衙与中营庙保护属于韩城古城修建性改造保护规划中的两个子项。

　　县衙：韩城古城自古衙署在西，文庙在东，文庙与衙署东西对称。是"左文右武"，"左祖右社"等礼制思想的体现。现韩城县衙已在不同时期被分别拆除，现仅存县衙大堂，今县衙大堂位于古城内书院街南司马迁专修学校内。本案根据历史资料，对县衙的整体布局与建筑形态进行恢复，成为古城历史文脉展示的一个重要场所。

　　中营庙：韩城古城是黄河西岸的军事要塞。在韩城古城内，原在东南西北中五个方位设有五营。后五营失去其军事驻扎的功能，变营为庙。曾经承担着古城居民祈福的作用。本案旨在恢复其原有格局，为韩城古城的历史文化展示作出贡献。

01. 县衙规划鸟瞰图
    Aerial View Rendering of Yamun
02. 中营庙规划鸟瞰图
    Aerial View Rendering of Zhongying Temple
03、04. 中营庙透视效果图
    Perspective Rendering of Zhongying Temple

传统历史建筑—韩城古城保护——县衙、中营庙   06

临潼榴花溪堂

LINTONG LIUHUA XITANG

建设单位：西安曲江大唐不夜城文化商业（集团）有限公司
建筑规模：民居院落，地上 2 层，地下 1 层
建筑面积：总建筑面积 2588.4m²
方案设计：屈培青 王琦 常小勇
工程设计：屈培青 常小勇 王琦 王世斌 孟志军 毕卫华 黄乐
　　　　　北京丽贝亚建筑装饰工程有限公司（室内设计）
获奖情况：陕西省第十七次优秀工程设计二等奖
发表论文：《关中民居风貌 中式美学意境 - 西安临潼榴花溪堂》
　　　　　《时代楼盘》第 121 期

01. 入口大门 　（摄影：常小勇）
　　Entrance Gate
02. 鸟瞰实景 　（摄影：常小勇）
　　Aerial View

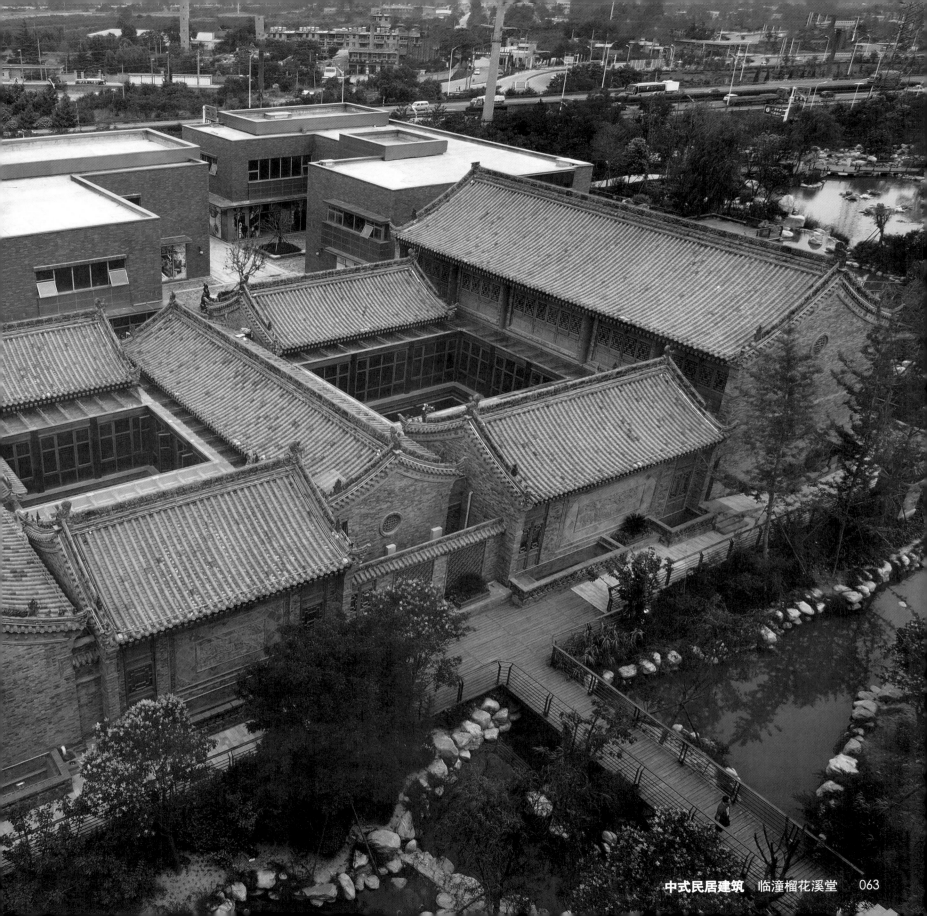

项目简介：

　　项目位于临潼芷阳广场内，在对传统四合院建筑空间的传承的基础上，赋予了其现代化生活的功能元素。

　　首先是对传统北方四合院建筑的院落功能进行的改良与创新。在本项目的两进院落中，因存在地下空间，所以两进院落分别设置成了下沉式庭院和景观水池。

　　在两进院落的第一层四周均采用暖廊围合，这样打破了传统院落空间中的只承载交通采光的单一功能，一方面提升了建筑空间的品质，丰富了建筑使用空间的感官效果，另一方面暖廊的设置解决了传统北方院落中遇到的冬季采暖、夏季制冷的问题。

　　其中第二进院落中景观水池的设置，在一层形成了静怡的水面，避讳了原有传统两进院落空间的重复，水池表面灯光效果的设计，也使夜晚稍显沉寂的院落变换了精彩的一幕；另一方面因为水池的封闭，使得建筑地下一层庭院空间形成了奇妙的效果，顶部水池的波纹则通过光线映射到地下空间，极大地提升了地下室休憩空间的品质，同时水面的分隔也起到了很好的保温节能的效果。

01. 山墙面实景　　　（摄影：高　伟）
　　　Gable Photo

02、03. 外立面实景（摄影：孙笙真）
　　　Exterior Elevation Photo

04. 外立面实景　　　（摄影：高　伟）
　　　Exterior Elevation Photo

	02	03
01		
	04	

　　在建筑内部古朴厚重的大门、精致考究的抱鼓石和照壁，组合出了大气沉稳的入口空间，办公及会客厅分居主入口两侧，第一进院落中两侧厢房为茶室及书画室，经过暖廊到达过堂，在过堂中则设置有中医堂及公共卫生间，在第二进院落两侧厢房及正房中设计有 VIP 包间。建筑地下一层客房、宴会大厅、SPA 浴室及公共休息厅等按序列及功能要求依次布置。

01. 第一进院落实景I　　（摄影: 屈培青）
　　The First Courtyard Photo I
02. 第一进院落实景II　　（摄影: 屈培青）
　　The First Courtyard Photo II
03. 第一进院落实景III　　（摄影: 屈培青）
　　The First Courtyard Photo III
04. 暖廊　　　　　　　　（摄影: 丽贝亚供）
　　Corridor
05. 室内照壁细部　　　　（摄影: 丽贝亚供）
　　Indoor Wall Detail

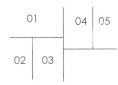

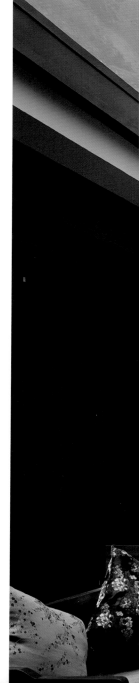

地下一层建筑的外围均设有通风采光竖井。在整体设计中采用新中式的设计风格，建筑内部依旧体现出传统建筑坡屋面以及梁枋结构的特色。同时配以照壁墙和花格木窗、雕花屏风等中国传统装饰，达到了古今传承、新旧交替的空间感官效果。

中式民居建筑　临潼榴花溪堂　069

01. 中医堂　　　　（摄影：丽贝亚供）
Traditional Chinese Medicine Hall
02. 会客厅 I　　　（摄影：丽贝亚供）
Reception Room I
03. 会客厅 II　　　（摄影：丽贝亚供）
Reception Room II
04. 宴会厅　　　　（摄影：丽贝亚供）
Banquet Hall
05. 剖面图
Section

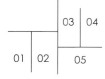

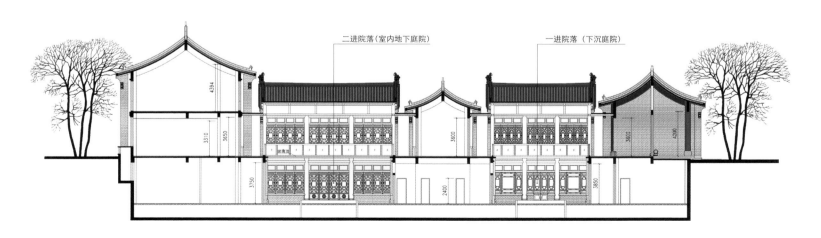

二进院落（室内地下庭院）

一进院落（下沉庭院）

曲江凤凰池

QUJIANG FENGHUANGCHI

建设单位：陕西兴亚集团房地产开发有限责任公司
建筑规模：商业街，地上 2 层，地下 1 层
建筑面积：总建筑面积 9900m²
方案设计：屈培青 王琦 徐健生 常小勇 宋思蜀 王婧
工程设计：屈培青 常小勇 王琦 徐健生 宋思蜀 闫文秀
　　　　　王世斌 毕卫华 王璐 季兆齐

项目简介：

　　曲江凤凰池民俗商业街的项目基地位于西安曲江新区南湖遗址公园北侧，与遗址公园隔路相望，西面和北面为唐城墙遗址公园所环绕，东侧为住宅小区，地形为沿南湖水系两岸而延伸的狭长地带。是被几个公园所围合形成的民俗商业街，由于其位置较为狭窄、封闭，仅有北面和南面两面的出入口与外界相连通，强化了它的内向型空间形态。

　　该项目定位为曲江新区的集民风民俗体验、关中风情展示、休闲娱乐购物于一体的场所。整个商业街在功能上大致分为零售商业区、民俗餐饮酒吧区、民俗文化体验区和民俗博物馆区四个板块，多处合院层叠交错，将关中风情的文化体验与购物消费整合于一个街区内。建筑风格沿袭关中传统民居的建筑形式。单体建筑中小式瓦作、墀头、飞椽、雕砖等装饰构件均充分体现出关中民居独有的古朴细致的建筑风格。

01	02
	03

01. 外立面细部 （摄影：张彬）
　　Exterior Detail
02. 方案设计草图 （作者：王琦）
　　Schematic Design Sketch
03. 鸟瞰效果图
　　Aerial View Rendering

中式民居建筑　曲江凤凰池　073

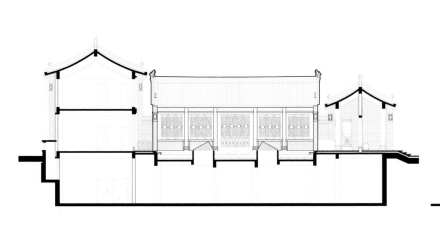
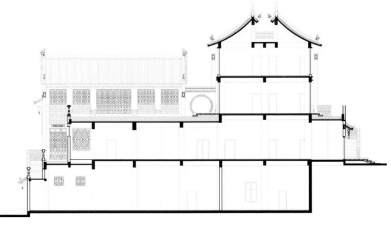

01. 入口局部　　（摄影：常小勇）
　　Part of Entrance
02. 商会立面　　（摄影：常小勇）
　　Club Facade
03. 会所剖面图
　　Club Section
04. 外立面实景　（摄影：常小勇）
　　Exterior Elevation Photo
05. 外立面局部　（摄影：张　彬）
　　Part of Exterior

01	02	04
03		05

01

02

03

外立面局部　　　（摄影：常小勇）
Part of Exterior
三合院入口透视
Courtyard Entrance Rendering
会所透视效果图
Club Perspective Rendering

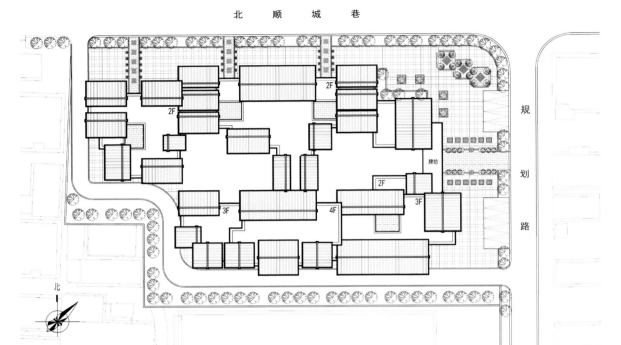

北城墙

北顺城巷

规划路

牌坊

北

西安市红星巷改造设计

THE RECONSTRUCTION DESIGN
OF XI'AN HONGXING STREET

建设单位：陕西鹏信建设开发有限公司
建筑规模：建筑为地上 2 层
建筑面积：总建筑面积 4600m²
方案设计：屈培青 魏婷 董睿
工程设计：屈培青 常小勇 施俨君 贺琳 沈红
　　　　　汤建中 高亚萍 牛麦成
获奖情况：中国建筑学会《全国人居经典建筑
　　　　　规划设计方案》建筑 、规划双金奖

01. 总平面图
General Plan
02. 鸟瞰效果图
Aerial View Rendering
03. 北立面图
North Elevation
04. 沿街商业立面效果图
Commercial Facade Rendering

01	03
02	04

项目简介：

    位于西安北城墙根下的红星巷，以前是西安老城区一个低洼棚户聚集区，西安市政府将顺城巷改造作为西安的几件大事之一，也是西安市城墙周边区域改造的重要节点，对于提升西安古城地位及人居生活品质有着重要意义。

    在红星巷改造设计中，首先挖掘城墙根文化，保持好城墙根民居的尺度及肌理，处理好民居与城墙的主从关系；其次从传统的关中民居中抓住了素朴的风貌和苍古的意境这些西安特有的城市布局意境和建筑空间艺术，它所反映的建筑肌理与营造的建筑环境更加贴近民风。从关中民俗建筑的营造特色中吸取精华，一条街的尺度，一个院落的空间，一组建筑的构成，一片青砖的肌理，一组窗花的符号，一幅照壁的裂变，鸟语花香的景色，这些特征都可以通过规划空间、建筑形态、建筑色彩、材料肌理、环境布局及雕塑和小品的设计创作中，得到充分的应用及有机整合。在建筑风格上，将传统建筑的文脉、神韵、符号、材料、肌理用新的建筑语言，整合到现代建筑之中，采用简约的手法，与传统建筑精神共存，建筑立面形式保留了传统建筑的比例、韵律、肌理、色彩及符号。青砖白墙的厚重与粗犷，民居中灰、黑、白朴素的色彩，建筑在保留了传统建筑材料的同时，赋予现代新材料的肌理、用现代建筑的手法去反映传统民居的建筑理念，新的建筑融入传统建筑的肌理并赋予新的内涵，延续城市建筑风貌，结合西安自身发展脉络，走出了一条独特的现代建筑创作之路。

中式民居建筑 西安市红星巷改造设计   079

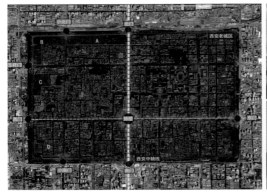

王家大院

丽江古城

项目用地
从北门至含光 ABCD 四个区域。

区位现状

区域文化研究
西安作为重要的历史文化名城，其具有深厚文化底蕴的城墙根文脉就限定着我们。建筑风格根植于传统建筑，采用协调的手法，注重风格和风貌的协调，取之神似。

整体风貌营造
巴黎、马赛这样的城市或者是丽江古城、王家大院，虽然不一定能记住其中的某一栋建筑，但其整体的风貌往往会让我们感到震撼，这也是本项目对整体风貌进行把握的一个原则。

设计定位
整体风貌的考量和建筑风格的控制。

设计任务
顺城巷改造项目的外立面设计。

区域特征
▼
"中式"风格
▼

传统　　　　　　　　　　　　　　　　　　　　　　　　　现代
中式————————————————简中式————————————————新中式

中式
中式民风建筑，作为纯仿关中传统民居的形式，最宜在与城墙最接近的区域内使用。采用一种纯仿关中传统民居的中式风格，以关中传统民居的传统形象延续了这一传统形式的脉络和肌理。

简中式
简中式则是在关中传统民居的基础上进行了一定的简化，通过符号、肌理、色彩、材料等手法把关中传统民居进行一定的简化和提炼，同时加入现代元素，既满足现代功能又具有浓厚的关中民居意蕴。

新中式
新中式应该说是与传统关中民居最不接近，但其形象确实从关中传统民居的形式中抽象而来的，属于现代建筑但却抽象地表达了传统的意向，这种风格适合于最靠近古城里侧的区域。

02
03
04

01

01. 前期分析
Preliminary Analysis
02. 总平面图
General Plan
03. 分析图
Analysis Diagram
04. 鸟瞰图
Aerial View

巴黎

马赛

西安市顺城巷西段整治规划

THE RENOVATION PLANNING OF XI'AN SHUNCHENG LANE WEST

建设单位：西安市莲湖区棚户区改造办公室
建筑规模：地上 2~4 层
建筑面积：总建筑面积 6000m²
方案设计：屈培青 徐健生 王琦 王一乐 张彬

项目简介：

　　项目设计划分五个片区：

　　商务办公区：商务办公区从位置上最接近古城北门，紧邻顺城巷，因此建筑风格上采用中式纯仿关中传统民居的风格，采用了双坡屋顶，比例和尺度都满足了传统的形制，功能上也能够承载办公空间的要求。

　　唐天街片区：建筑以 3 层为主，体量上大小结合，可分可合，满足集中商业的需要。建筑风格为简中式，形成一个传统意蕴浓厚的，但又经过了有机更新的一个传统片区。

　　创意工作室片区：紧邻顺城巷，因此风格上采用传统关中民居的形式，三合院与四合院结合、一进院子与两进院子结合，沿街局部设置单栋，契合了传统关中民居村落的肌理。

　　广仁寺片区：建筑风格为中式民居风格，隔离绿化带往里的主题文化酒店、商业以及博物馆则采用新中式，以抽象的"陕西屋子半边盖"的坡屋顶形式加以展现，形成场所空间，场、街、院结合成为有序的布局和肌理。

　　西五台片区：包括民俗文化商业街，贡院主题酒店、儿童文化主题教育，城市禅居等，靠近城墙区域采用传统关中民居的风格，远离城墙的区域则采用新中式。通过不同的坡向、材料以及高度的组合形成一组非常有韵味的天际线。

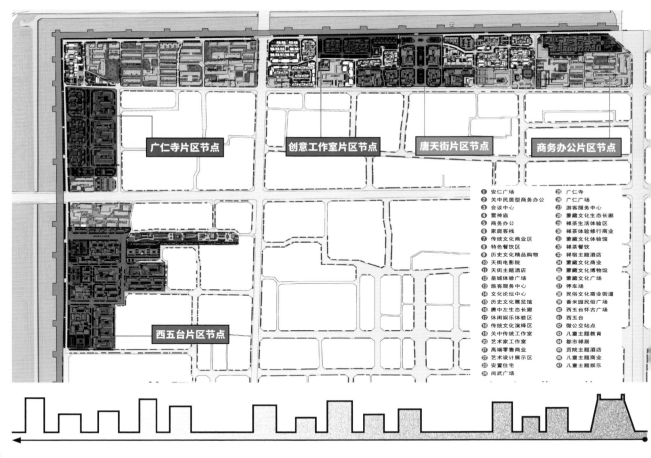

广仁寺片区节点　创意工作室片区节点　唐天街片区节点　商务办公片区节点

① 安仁广场　② 关中民居型商务办公　③ 会议中心　④ 雷神庙　⑤ 商务办公　⑥ 家庭客栈　⑦ 传统文化商业区　⑧ 特色餐饮区　⑨ 历史文化精品购物　⑩ 天街电影院　⑪ 天街主题酒店　⑫ 皇城体验广场　⑬ 旅客服务中心　⑭ 文化论坛中心　⑮ 历史文化展览馆　⑯ 唐中左生态长廊　⑰ 休闲娱乐体验区　⑱ 传统文化演绎区　⑲ 关中传统工作室　⑳ 艺术家工作室　㉑ 高端零售商业　㉒ 艺术设计展示区　㉓ 安置住宅　㉔ 尚武广场

㉕ 广仁寺　㉖ 广仁广场　㉗ 游客服务中心　㉘ 蒙藏文化生态长廊　㉙ 禅茶生活体验区　㉚ 禅茶体验修行商业　㉛ 蒙藏文化体验馆　㉜ 禅茶餐饮　㉝ 禅宿主题酒店　㉞ 蒙藏文化商业　㉟ 蒙藏文化博物馆　㊱ 蒙藏文化广场　㊲ 停车场　㊳ 民俗文化商业街道　㊴ 香米园民俗广场　㊵ 西五台怀古广场　㊶ 西五台　㊷ 微公交站点　㊸ 儿童主题教育　㊹ 都市禅居　㊺ 贡院主题酒店　㊻ 儿童主题商业　㊼ 儿童主题娱乐

西五台片区节点

贾平凹书院大门
MAIN GATE OF JIAPINGWA ARTS GALLERY

建设单位： 西安曲江临潼旅游商业发展有限公司
建筑规模： 仿明清式垂花门
方案设计： 屈培青 阎飞
项目简介：

　　贾平凹书院位于西安曲江大唐芙蓉园南门一侧，本项目对书院大门进行了再设计。采用仿明清式垂花门的形式修建，大门面宽2.4m，屋脊高度为5.2m，两侧的围墙按作家本人的要求设计成"凹"字形。整个大门建成后，优雅地融入繁华的城市之中，既不张扬，又显出主人的情趣。

01. 大门透视　　　（摄影：屈培青）
　　 Gate Perspective
02. 大门正立面　　（摄影：屈培青）
　　 Front Door Facade
03. 正入口透视效果图
　　 Positive Entrance Rendering
04. 内庭院透视效果图
　　 Interior Courtyard Rendering
05. 全景透视效果图
　　 Panoramic Rendering

01	03
	04
02	05

西安北院门民风小院

XI'AN BEIYUANMEN FOLK COURTYARD

建设单位：西安市莲湖区棚户区改造办公室
建筑规模：民居院落，地上4层
建筑面积：总建筑面积1705m²
方案设计：屈培青 宋思蜀 屈张
获奖情况：2009年中国建筑学会《全国人居经典建筑规划设计方案》建筑金奖
项目简介：

　　2009年，西安市莲湖区历史街区北院门街巷改造正式启动。作为西安著名的小吃一条街，其历史悠久、渊源深厚，呈现出了多元化的文化氛围，具有其独特的历史与文化价值，是西安古都文化特别是民俗商业文化的重要代表之一。

　　作为古都西安的历史街区，其内部保存着良好的民居建筑和建筑群，能凸显本街区整体历史氛围。民居建筑是中国历史最早、数量最大，同时最能反映人类历史文脉持续发展的一种建筑类型，所以本案从关中传统民居建筑中去寻找共性的逻辑元素，并挖掘和提炼出不同的特性和意境，然后再将这些特征在现代建筑创作中加以借鉴。而对于传统建筑借鉴不应只是"形"的借鉴，更需要"神"的借鉴，即分析传统民风建筑的特征，再将这些特征通过剖析、割裂、连续整合到现代建筑中形成新的秩序，并从现代建筑中反映出传统的风貌。

　　北院门历史风貌区作为西安城区旅游发展的重点项目，基础条件较好。但经多年自身发展，整体风貌与环境设施较差，整个街道需要一次集中的保护与整治。借北院门改造的机会，设计团队通过传统建筑元素的植入，做了一次由点及面，自下而上的城市设计，通过一个小项目来为整个街区的改建做了一次创新实验。

临潼石榴古镇及石榴酒店

THE ANCIENT TOWN OF LINTONG POMEGRANATE AND POMEGRANATE HOTEL

建筑规模：民居院落，地上 2 层
建筑面积：总建筑面积 44782m²
方案设计：屈培青 高伟 孙笙真 张恒岩 黄雅慧

项目简介：

项目位于临潼市区以南，东面依次为骊山华清池、秦始皇陵和秦始皇兵马俑，用地位于石榴园及芷阳湖周边，有良好的温泉资源及历史文化环境。在历史大文化的背景及框架下，充分利用古镇和古镇周边的资源，打造以民俗民风为主题的石榴古镇，形成集生活、旅游、商贸为一体的产业链，并提出"两纵一横五点"的思路。

临潼历史文化丰富多彩，石榴古镇定位明确，以石榴文化为主题，古镇为载体，与周边兵马俑、华清池等皇家景区形成文化差异，升级旅游产品，以情景体验为主，再配合一系列节事活动策划，将有望成为整个临潼国家旅游休闲度假区的人气引爆点。

石榴酒店定位为高端家庭式度假酒店，选址在临潼著名旅游景点骊山景区内。酒店依山势和地形走势呈银杏叶片状自然铺开，仿佛生长在这片土地之上，同时酒店背山面水的布局方式恰好符合中国人传统的风水观念。

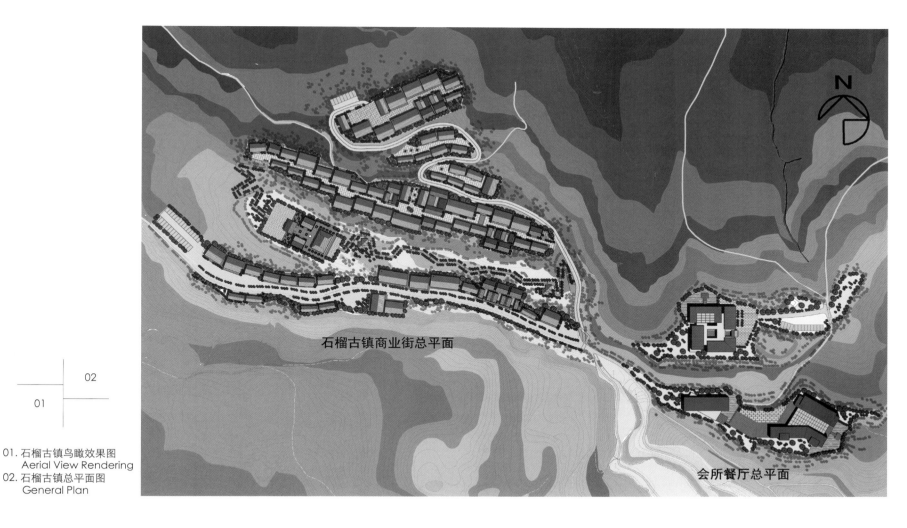

石榴古镇商业街总平面

会所餐厅总平面

01. 石榴古镇鸟瞰效果图
Aerial View Rendering

02. 石榴古镇总平面图
General Plan

策划不应着眼于一个古镇，而应该充分利用古镇和古镇周边的资源，形成集生活、旅游、商贸为一体的产业链。因此，大文化商业框架的策划依托临潼文脉和自然环境，提出"两纵一横五点"的思路。

"两纵"指以现有道路为基础的石榴古镇轴线和精品酒店轴线，"五点"指分布在"两纵一横"上的五个商业点，分别为石榴山庄、农业观光园、百子庙、石榴古镇、高档会所以及石榴酒店。

子庙

石榴古镇

高档会所

石榴酒店

韩城整体规划·金城大街改造

HANCHENG JINCHENG AVENUE
RECONSTRUCTION

建设单位：陕西文化产业（韩城）投资有限公司
建筑规模：民居院落，地上2层，地下1层
建筑面积：总建筑面积10704m²
方案设计：屈培青 阎飞 王一乐
项目简介：

　　金城大街是一条南北走向的融合元、明、清三朝风格的传统商业街区，是韩城古城的商业中心，位于韩城古城城市中轴线的中间段落，其全长957m，街道宽5.5m。沿街道两侧共有国家级文保单位2处，省级文保单位4处，市级文保单位51处。项目基地位于韩城古城内的金城大街中段，用地范围17036m²。

　　为了保证项目建成后不破坏现有的肌理，设计团队对街区内部现有建筑的院落空间组成模式进行了梳理：以一个完整的四合院为母题，在此基础上整理出三合院、两进院、L形、U形等基础单元。同时将这些建筑的尺度控制在目前现状建筑的尺度范围之内。接下来，对现有建筑的主要元素进行了梳理、归类。在此基础上，利用场街院的空间模式对街区的建筑群进行组织，使得整个场所有一个清晰的空间秩序。

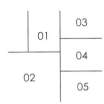

01. 金城大街现状
    Present of Jincheng Street
02. 金城大街设计草图　　　　（作者: 阎飞）
    Jincheng Street Design Sketch
03~05. 金城大街效果图
    Jincheng Street Rendering

韩城整体规划·北关商业街
HANCHENG BEIGUAN SHOPPING STREET

建设单位：陕西文化产业（韩城）投资有限公司
建筑规模：民居院落，地上2层，地下1层
建筑面积：总建筑面积31000m²
方案设计：屈培青 徐健生 王琦 阎飞 王一乐
项目简介：

　　本项目属于韩城古城修建性保护规划中的一个子项，项目选址位于古城北门外与古城紧邻，出于风貌保护的考虑，设计中将古城内现存的庙宇和衙署定义为古城中的"红花"，古城内其他民居与店铺类的建筑定义为"绿叶"，对于前者主要采用复原与修缮的手段，而对于城内的采用纯关中传统民居的中式风格为设计手法。在古城保护区外，尤其是城关区紧邻古城最宜采用简中式建筑，与古城呼应协调。因此，在东西北关商业街设计中建筑风格采用了简化中式加以呈现，建构了从古城中心开始向外辐射，风格由中式向简中式过渡的格局，层级明确，条理清晰。

韩城整体规划·城隍庙北门商业街

HANCHENG TOWN GOD'S
TEMPLE NORTH STREET

建设单位：陕西文化产业（韩城）投资有限公司
建筑规模：商业街，地上 2 层，地下 1 层
建筑面积：总建筑面积 697m²
方案设计：屈培青 王琦
工程设计：屈培青 徐健生 魏婷（小）王世斌
　　　　　张学军 郑铭杰 季兆齐

项目简介：

　　韩城城隍庙位于韩城市古城内金城区东北隅文庙北邻，是韩城文庙——东营庙——城隍庙的东城轴线的最后一站。本案位于城隍庙北入口外，与韩城古城民俗博物院相邻，规划目的在于结合周边民居建筑形成新的文化片区。本案建筑形式以韩城当地传统民居形式为基准，注入现代风格的门窗及槽钢，并根据现状地形依地势而建。建筑组合中结合城隍庙北围墙围合形成高低错落的台地院落空间，单体平顶与坡顶结合交错，形成一组有机精致的建筑群落。

01	03
02	04

01. 韩城北关商业街效果图
　　North Commercial Street Rendering
02. 韩城北关商业街设计草图　　（作者：阎飞）
　　North Commercial Street Design Sketch
03. 韩城城隍庙北街设计草图　　（作者：王琦）
　　Town God's Temple North Street Sketch
04. 韩城城隍庙北街效果图
　　Town God's Temple North Street Rendering

韩城整体规划·东关大街及文庙南广场

HANCHENG DONGGUAN AVENUE AND CONFUCIAN TEMPLE SQUARE

建设单位：陕西文化产业（韩城）投资有限公司
建筑规模：民居院落，地上 2 层
建筑面积：东关大街 30000m²；文庙南广场 1200m²
方案设计：屈培青 王琦 徐健生 张彬

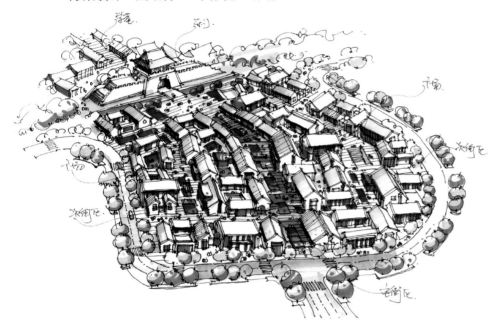

项目简介：

　　项目位于韩城古城东南角，首先，根据对古城旧有格局的考证，拟恢复古城东门，出东城门，则商业街与东城门隔环城东路相望。片区内有文庙、关帝庙、民居保护区等重要历史文化资源，因此，本案旨在精心织补古城肌理，保护古城原始风貌。

　　首先，商业片区后退环城东路 15m，留有绿化带，保留了东关区域原有城门与护城河之间的尺度关系，然后沿东关大街南北两侧各布置商业内街，角部留有广场，形成主入口，进入商业内街后，流线曲而不迷，将商业面进行最大化处理，避免商业死角；规划上场街院有机结合、尺度上延续传统民居的宜人尺度、风格上采用中式建筑风格，在延续传统民居文脉的基础上结合了现代商业功能，展开传统与现代之间的对话。项目建成后将是古城东门区域的重要旅游配套商业片区，也承载着民俗文化展示的重要功能。

01. 东关大街设计草图 　（作者：王琦）
　　Dongguan Avenue Design Sketch
02. 东关大街近景效果图
　　Dongguan Avenue Rendering
03. 文庙南广场鸟瞰效果图
　　Aerial View of Confucian Temple
　　South Square Rendering
04. 文庙南广场近景效果图
　　Confucian Temple South Square
　　Rendering

01	03
02	04

韩城整体规划·民俗博物院

HANCHENG FOLK MUSEUM

建设单位： 陕西文化产业（韩城）投资有限公司
建筑规模： 复原修复民居与新建民居、戏楼、看家楼相结合
建筑面积： 总建筑面积 720m²
方案设计： 屈培青 徐健生 王琦 张彬 白少甫
工程设计： 屈培青 徐健生 王琦 潘映兵 朱君涛 王坤 任万娣
项目简介：

　　项目选址位于古城东北部，与金塔相望，设计首先以修旧如旧为原则，采用传统的施工工艺与材料，恢复了原有的三个院落，同时新建民居、看家楼、戏楼等四个院落，院院相通，融为一体，其设计从院落的空间尺度与建筑细节特征入手，维持古城传统四合院空间尺度、风貌肌理，充分尊重了古城特有院落特征，在建筑细节上延续关中东府民居的特有制式和特点，同时在保证传统风貌延续的前提下，对院落进行功能进行置换，既展示了关中传统民居的建筑艺术也展示民俗文化特色。

　　民俗博物馆设计旨在用建筑的语言表达了保护与展示的内涵，也是对一方民俗与历史的介绍，是一处全面展示韩城民俗文化精髓的场馆。其内容包括有韩城印象、韩城生活、韩城人家、韩城气质等展区，展陈了上千件反映韩城人民衣食住行、婚丧嫁娶、文风教化的老物件。游老宅，品民俗，听故事，感受别有趣味的关中东府民俗文化。

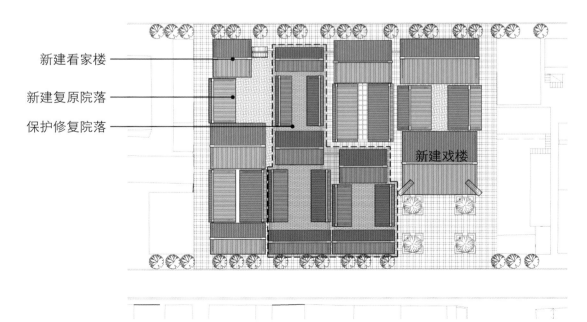

新建看家楼

新建复原院落

保护修复院落

新建戏楼

01. 看家楼　　（摄影：张　彬）
    Housekeeping Building
02. 立面实景图（摄影：王小军）
    Elevation Photo
03. 戏楼　　　（摄影：常小勇）
    Opera Theater
04. 保护范围示意图
    Protection Scope

01	03
02	04

01~03. 保护修复院落　　（摄影：王小军）
Protected and Restored Courtyard

04. 新建复原院落　　（摄影：王小军）
New Restored Courtyard

05. 民俗博物院立面图 & 剖面图
Elevation & Section

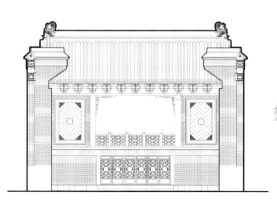

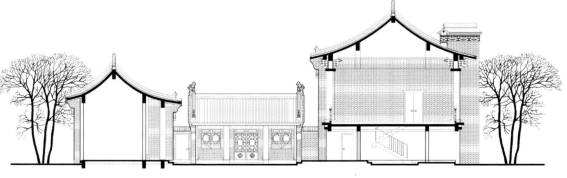

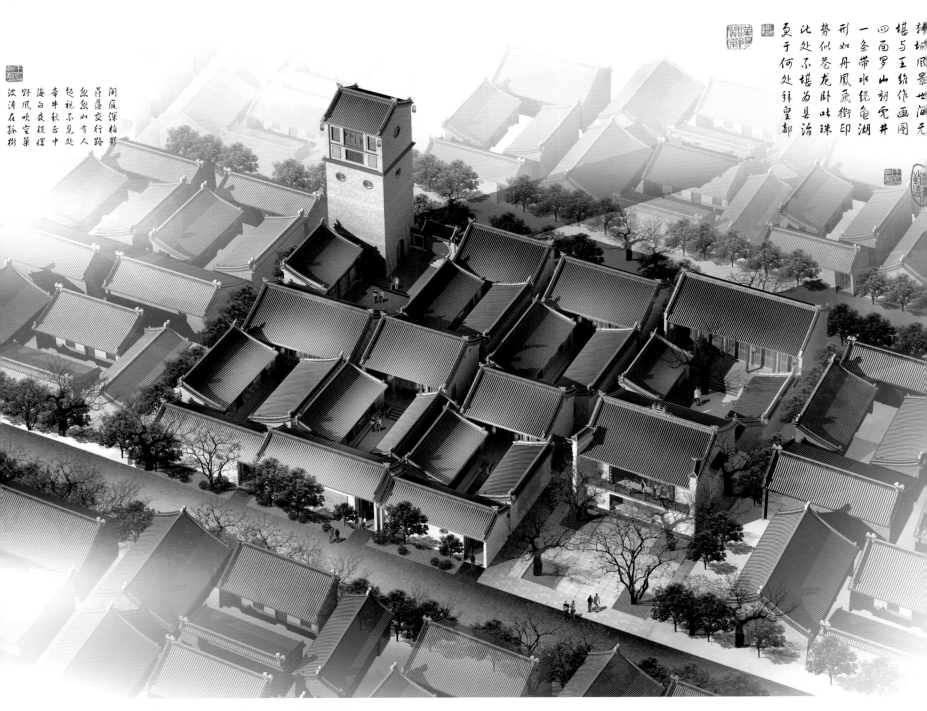

01. 民俗博物院鸟瞰效果图
    Aerial View Rendering
02、03. 保护修复院落　（摄影：常小勇）
    Protected and Restored Courtyard
04. 外立面局部　（摄影：常小勇）
    Part of Exterior

	02	
01	03	04

韩城风景世所无
堪与王维作画图
四面罗山朝笕井
一条带水绕龟湖
形如丹凤飞衔印
势似苍龙卧吐珠
此处不堪为县治
更于何处拜皇都

闲庭深柏影
荇藻交行路
鱼鱼如有人
起视不见处
奔牛秋正中
海白夜经曙
野风吹宫巢
汝涛在孤树

01. 民俗商业街效果图
Folk Commercial Street Rendring

02. 方案设计草图　　（作者：徐健生）
Schematic Design Sketch

03. 总平面图
General Plan

04. 小寨区局部改造效果图
Local Transformation Rendering

05. 酒店前勤区效果图
Pre Service Area of the Hotel Rendring

06. 商业街效果图
Commercial Street Rendering

01		04
		05
02	03	06

蓝田玉山文化旅游名镇新桃园项目

THE NEW TAOYUAN PROJECT OF MT. YU CULTURE & TOURIST TOWN

建设单位：西安曲江新区管委会
建筑规模：美丽乡村小镇
建筑面积：总建筑面积 33392m²
方案设计：屈培青 徐健生 高伟 王琦 阎飞 张雪蕾

项目简介：

　　"玉山新桃园小镇"地处陕西省蓝田县以东玉山镇，因秦时此地为蓝田玉产地而得名，是陕西省重点文化名镇之一，交通便捷，自然环境资源良好，为打造有特色的民俗展示区域，弘扬地域特色，将其塑造为以当地优美的自然风光为依托，集美丽乡村与特色民俗展示为一体的旅游文化名镇。

　　项目着眼于新镇，充分利用老镇，整合周边资源，在当地固有的历史文脉资源框架内，项目将发展独具民俗风情特色的旅游新镇及农家观光、会所、酒店等周边产业。新镇以主题酒坊、民间工艺坊、餐饮娱乐、古镇客栈、风情创意集市及戏楼六大板块为商业业态的主要内容，形成丰富多彩的民俗旅游文化景观。陕西蓝田历史文化丰富多彩、自然资源锦绣靓丽，玉山新桃园项目定位明确，与周边自然景区和历史文化景区形成文化差异，彼此互补，升级当地旅游产品，以情景体验为主，再配合一系列节日活动策划，将成为整个蓝田县国家旅游休闲度假区的重要节点。

项目简介：

　　本项目位于陕西省延安市宜川县，项目与丹山中学紧邻，基地位于丹山南坡，与宜川县地标建筑，西山的文峰塔遥相呼应，项目总用地面积4.5亩，总建筑面积为4500m²。本案的功能设置包括大堂、接待、简餐、展览、藏书和阅览五大功能，旨在打造一处宁静安逸的文化场所。同时该项目属于山地建筑，地形复杂，位于山坡之上，因此，总体规划中力求顺应地形，利用高差，以高低错落的院落组合的方式解决由于山地变化所带来的高差问题，主入口在位置上与现状道路相连接，且与中学主楼轴线相对应，从学校可以拾阶而上，来到书院。

　　单体建筑风格采用简中式，用现代技术展现传统文化意蕴，古朴厚重且意境深远，规划布局采用院落式布局，纵深与两翼均按现状地形展开落位，各进院落高低错落，实现与地形条件的完美契合，中轴院落以抽象的景亭为核心景观，在分隔空间的同时，成为丹山书院的一个标志，建筑群体以望楼为制高点，层次明确，均衡有序，项目建成后必将成为丹山区域的又一个精神场所。

宜川丹山书院

YICHUAN MT. DAN ACADEMY

建设单位：宜川县城市建设投资有限公司
建筑规模：园林式合院式建筑群
建筑面积：总建筑面积 4500m²
方案设计：屈培青 徐健生 王一乐 常小勇

01. 鸟瞰效果图
    Aerial View Rendering
02. 透视效果图
    Perspective Rendering
03. 方案设计草图（作者：徐健生）
    Plan Design Sketch
04. 内庭院效果图
    Interior Courtyard Rendering

01	03
02	04

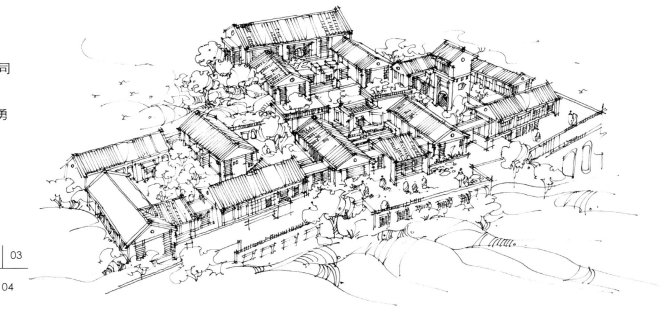

西安沣惠渠宣徽酒坊

XI'AN FENGHUI CANAL XIANGHUI BREWERY

建设单位： 西安高新技术产业开发区房地产开发公司
建筑规模： 商业街，地上 2~3 层，地下 1 层
建筑面积： 总建筑面积 74221.1m²
方案设计： 屈培青 徐健生 王琦

韩城西关商业街及老城区内新建民居

HANCHENG XIGUAN SHOPPING STREET & NEW DWELLINGS OF ANCIENT CITY

建设单位：陕西文化产业（韩城）投资有限公司
建筑规模：民居院落，地上2层，地下1层
建筑面积：商业街21000m²；新建民居14048.3m²
方案设计：屈培青 王琦 张彬
项目简介：

  韩城西关商业街和老城区内新建民居片区分别规划于老城区西关区域和西北角区域，均以简中式的建筑风格规划设计出符合现代居住要求的商业街区和民居院落片区，保留老砖土瓦，局部增添金属与玻璃的现代元素，从而与老城肌理形成时代的承袭和呼应。

01. 西关外商业街效果图
  Xiguan Shopping Street Rendering
02. 西北片区设计草图 （作者：王琦）
  North West Area Design Sketch
03. 西北片区鸟瞰效果图
  Northwest Aerial View Rendering
04. 西北片区单体效果图
  Individual Building Rendering

01	03
02	04

简中式民居及民风建筑 韩城西关商业街及老城区内新建民居

韩城教堂

HANCHENG CHURCH

建设单位：陕西文化产业（韩城）投资有限公司
建筑规模：地上 1 层
建筑面积：总建筑面积 1928.9m²
方案设计：屈培青 王琦 屈张
项目简介：

　　本项目紧邻韩城古城东侧。项目在建筑设计中根据韩城当地传统建筑风格，以及教堂自身的空间形态最终形成两套方案。其中方案一采用简洁的现代建筑形态，建筑空间以三角形的高耸空间为主要空间，立面上采用青砖的多种砌筑形式，既渲染出教堂纵向空间的宗教氛围，又体现了关中民居的建筑肌理；方案二采用关中传统民居建筑形式与教堂传统元素的结合形式，以青砖、灰瓦为主，飞券、马赛克窗为辅，两种风格紧密结合，形成独特的宗教氛围和空间感受。

01. 教堂室内效果图
Church Interior Rendering
02. 教堂效果图
Church Rendering
03. 教堂设计草图 （作者：王琦）
Church Design Sketch

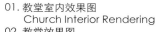

银川望都郡府

YINCHUAN WANGDU VILLAS

建设单位：宁夏亘元房地产开发有限公司
建筑规模：建筑为地上 4 层，用地面积 142 亩
建筑面积：总建筑面积 75900m²
方案设计：屈培青　常小勇　高伟　崔丹
工程设计：常小勇　崔丹　杜昆　魏婷（小）白雪
　　　　　王世斌　郑苗　毕卫华　李寅华

01. 小区街景效果图
Residential Street Rendering

02. 总平面图
General Plan

03. 小区鸟瞰效果图
Aerial View Rendering

04. 住宅效果图
Residential Rendering

01	03
02	04

紫薇山庄二期
SECOND PHASE OF ZIWEI VILLA

建设单位：西安高科（集团）新西部实业发展公司

建筑规模：建筑为地上3层

建筑面积：总建筑面积64690m²

方案设计：屈培青 常小勇 贾立荣 郭辉

工程设计：屈培青 常小勇 贾立荣 林芝雯
毕卫华 季兆齐 高莉

项目简介：

　　紫薇山庄位于西安市风景秀丽、胜景层出的长安区滦镇。紫薇山庄分为两个部分，一期建成区（酒店区、玫瑰苑别墅区）和二期待建别墅区（棕榈苑、紫竹苑、听松苑及红枫苑），两者相互联系亦相对独立。

　　紫薇山庄二期通过建筑重新整合并与自然环境的结合，形成自己独特的风格——文脉传承、自然和谐、简约明快。建筑造型采用板块结构，用构成的手法有机地整合为一体，给人耳目一新的感觉。

01		04
02	03	05

01~05. 单体设计效果图
Individual Building Rendering

士连神七年功名
辞泛狂歌答客疯
脱俗修真立教义
入世布道济苍生
蓬莱东渡传七子
祖庭恢宏大道兴
一代宗师乘鹤去
游客如织重阳宫

祖庵镇重阳东市商业街区

CHONGYANG DONGSHI COMMERCIAL DISTRICT OF ZU'AN TOWN

建设单位： 陕西户县祖庵镇人民政府

建筑规模： 地段东西长约 300m，南北长约 260m
总用地面积 6.47hm²

建筑面积： 总建筑面积 28000m²

方案设计： 屈培青 徐健生 王琦 白少甫 马麒胜 朱原野

项目简介：

　　项目选址位于陕西省西安市户县祖庵镇，距县城 12.6 km，是一座闻名遐迩的千年古镇，因重阳宫在此而得名。本案选址位于重阳宫东侧，属于重阳宫核心文化风貌区，也是祖庵镇创建全国文化旅游名镇的起步实施区。项目拟打造成文化旅游服务基地和展示道教文化的平台。设计中，整体风貌突出关中传统民居的肌理与特色，以 1~2 层为主，局部点缀与重阳宫内建筑相统一的官式楼阁式建筑。建筑风格采用了简中式，将关中传统民居的韵味保留，符号加以简化，用现代建筑的手法和理念创新性地表达了对传统地域文脉的尊重，该项目同时也是设计团队将关中传统民居加以传承和发扬的典型文化案例。

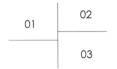

01. 总体鸟瞰效果图
Overall Aerial View Rendering

02、03. 商业效果图
Commercial Rendering

01~03. 商业效果图
Commercial Rendering

简中式民居及民风建筑 祖庵镇重阳东市商业街区

简中式民居及民风建筑　祖庵镇重阳东市商业街区

01~04. 商业效果图
Commercial Rendering
05. 街巷效果图
Street Rendering

01 | 03
    | 04
02 | 05

临潼贾平凹艺术馆
LINTONG JIA PINGWA ART MUSEUM

建设单位：西安曲江临潼旅游商业发展有限公司
建筑规模：建筑为地上 2 层
建筑面积：总建筑面积 5800m²
方案设计：屈培青 阎飞 李大为 张恒岩
工程设计：屈培青 阎飞 李大为 王世斌
　　　　　孟志军 李士伟 陈超
获奖情况：全国优秀工程勘察设计奖传统建筑
　　　　　一等奖
　　　　　陕西省第十八次优秀工程设计奖
　　　　　一等奖
　　　　　中国建筑西北设计研究院优秀工程
　　　　　一等奖
论文发表："浮华隐去，拙朴为表"
　　　　　《建筑学报》2015 年第 7 期

1、与贾平凹先生的对话调整了我们的创作思路

贾平凹先生作为中国当代最具影响力的作家之一，既是从陕西黄土地走出来的西部作家中的领军人物，又是从农村走出来的关中农民。少年时代的复杂阅历，塑造了贾平凹俭朴、吃苦、坚韧、善于思考且从不张扬的个性。从他的《废都》《秦腔》等小说中，能解读出他与社会思想的碰撞，人生哲理的认识以及一种不屈服的精神。

建筑从什么角度才能挖掘贾平凹思想和文化上更深层次的东西，反映超越文学的一种精神？带着思考与疑问，设计团队与贾老师进行了多次座谈。从一直以仰慕的角度拜读他的著作，到今天零距离的对话，突然间从神坛走进现实，从神化走到了平民化，又感到了一种陌生和差异，以至于我们不敢相信在我们面前平常得不能再平常的这么普通的人是大作家。在这几次对话中，贾平凹给我们留下了深刻的印象：语言质朴，乡音浓重，言语中流露出对家乡本土文化的深深眷恋；烟不离手，拙朴低调；亲切自然、平易近人。贾老师说，自己在创作过程中，常常需要一个封闭、安静、不受干扰的写作空间，在这里，只要有用不完的笔和抽不完的烟就行。他在《丑石》一文中说，那时候又穷又自卑，别人都看不起自己，是自己给自己打气，以天外来的丑石自喻，坚硬顽强，从不张扬。通过座谈，我们在不断剥离他文豪的身份，从他的陕腔中，寻找到了关中汉子的坚韧和关中本土的文化；这也使我们从初始的兴奋和激动慢慢地转向为平静和深思，我们的建筑构思也从开始的浮想联翩走向了平实质朴。

2、从本土建筑和贾平凹文学思想中去定位建筑

贾平凹先生是地地道道的关中农民，并且一直生活在陕西文化和关中民风之中。在表现整体艺术馆风格时，艺术家自我的审美和个性对设计

中的风格、功能、空间及艺术性都有特定的影响。在设计构思上设计团队确定了宜朴不宜华的原则，认为贾平凹艺术馆应从关中乡土建筑和他本人本土文学风格中去寻找创作灵感：将关中院子围合、封闭及序列的设计内涵与他喜欢的建筑朴实无华、空间封闭安静的建筑性结合，贯穿在整个的建筑设计过程之中。

其次，总体形态上宜聚不宜散。建筑方案先以关中民居与现代建筑的对话为切入点，第一组主馆建筑是以关中四合院的正房、厢房与院落围合成的平面，正好与贾平凹的 "凹"字吻合；同时将第二组辅助功能部分与主馆在平面及空间上进行叠加、旋转、碰撞、裂变，在关中四合院的周围割裂出几组不规则的三角形院落空间，三角形院落相比正南正北的传统型院落，少了死板，多了碰撞。这些空间依附和穿插在主体内外，但又不脱离主体，形成了适度和交错分散的多院落体系，正好体现出中国民居建筑中的人是以群居方式形成了聚落建筑，同时创造出不同于普通形式的空间感，反映出传统建筑与现代建筑的融合与碰撞，这也正是贾老师文学作品中表现出的对文化转型中传统与现代的碰撞与冲突。

建筑形式上宜简不宜繁：在建筑形式上，采用新中式的建筑形式，将关中民居屋子半边盖的单坡屋顶形式用简洁、夯实、大气的外部造型和建筑符号整合为新的建筑语言，形成外实内敞的深宅大院。外墙材料用黄土地的夯土墙为肌理，粗犷而沧桑，并通过文化墙、垂花门、大宅门、青砖墙、漏窗等建筑语言来诠释本土建筑和贾平凹的艺术思想。因为传统的夯土建筑不能太高太大，四周还要用砖加固，并且墙很厚耐久性较差，而贾平凹艺术馆建筑结构形式为两层框架，总高度 12m，比一般民居建筑体积要高要大，所以外墙的夯土墙肌理采用了黄土色的宝贵石艺术混凝土，来表现传统夯土建筑的肌理。该材料是在建筑主体上做钢龙骨干挂，板材尺寸分隔较大、整体性好，能真实反映夯土材料肌理，而且将外保温直接镶嵌在板墙之间。屋顶采用直立锁边灰黑色钢板，收边用 3mm 厚灰黑色铝单板收边，反映出传统民居中灰瓦的色彩和顺坡铺瓦的肌理。

3、对乡土建筑及其文化艺术的解读

建造名家艺术馆，一方面是将名家一生的成长经历、文化作品及艺术修养直接呈现给公众；另一方面也是通过艺术馆建筑语言自身来诠释艺术家的艺术思想和精神场所，使公众能从艺术馆的建筑中解读和感受艺术馆本身的地域文化及艺术家自身的思想内涵。

贾平凹艺术馆基地在临潼骊山脚下的一个黄土坡地上，建筑师在主入口前院处设计了两

组高大的实墙面，其中一组长 31m，高 7.5m 斜墙面与主墙面形成一个夹角并斜插入主墙面；在斜墙面上，贾平凹的著作及其名言刻在夯土墙面上，组成了一个文化背景墙，既与主入口形成一个导向和呼应，又将关中黄土地的夯土墙与其思想融入在一起，对于参观者从下而上走到馆前广场能够起一个引导和充当照壁作用；同时引喻其人其作品深深根植于这片黄土地。步入前院，入口处是一个经过尺度夸张的关中民居牌楼的剪影门洞，随着参观者进入一个安静的前院，通过短暂的停留，步入青砖庭院，在大实墙面背景下看到一棵桂花树，将城市喧嚣和浮华抛在脑后，沉静心灵之后再进入艺术馆主体。

主馆的大门则是一个放大的完全地道的传统关中民居的垂花门，与前院的牌楼相呼应，亦实亦虚。因为关中民居一般门都开在院落倒座的侧东南向，正对厢房的侧墙，不正对院落和正房，使人不会一目了然地看全院落，所以艺术馆的入口也没有正对大厅，门厅与室内大厅形成 90°直角，使建筑内部主体空间不会一开始就展现在参观者面前。进入门厅正对着的是另一个三角形庭院，庭院内铺以鹅卵石地面，立着几块关中秦岭山下的巨石和拴马桩。整体庭院朴实、简洁、无华，既反映出贾老师做人风格，同时又将室外景观引入室内。

门厅右侧展厅平面布置既是关中民居三合院的平面布局，又呈凹字形，上下两层。展示的内容与模式与其他名人艺术馆有所不同。一层为贾平凹作品；二层为影像厅、艺术家及艺术作品展示区，主要用来展示其他艺术家及艺术作品，也使贾平凹艺术馆不是一个静止的展示，而是能与贾老师文学及艺术作品产生对话的互动。参观者在这里既可参观馆内的展示内容，又可向外欣赏内庭院的景观，达到步移景异的效果。在凹形中间形成了主馆的中心庭院，庭院中的镜面水面上放置了巨石，期望反映出贾平凹静与硬的个性。

整个贾平凹艺术馆的设计表现了从传统民居建筑中去寻找朴素的文脉与意境，挖掘和提炼了民居建筑符号的逻辑关系，同时将贾老师文化思想整合到民风建筑中形成新的秩序，并从现代建筑中折射出传统建筑的神韵，追求神似，使建筑的总体构思、空间序列、建筑尺度、单体风格以及材料肌理与传统建筑相和谐，在尊重历史而非模仿的同时，赋予它新的气质和含义。

01

| | 02 | 03 | 04 |

01. 贾平凹艺术馆鸟瞰 （摄影：张广源）
Jia Pingwa Art Museum Aerial View Photo

02、03. 传统民居四合院 （参考：意向图）
Traditional Residential Courtyard

04. 总平面图
General Plan

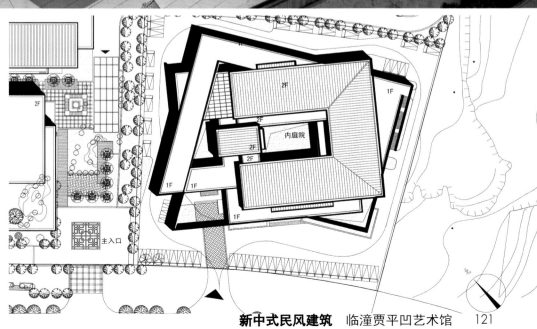

内庭院

主入口

01. 贾平凹艺术馆景观墙　　　（摄影：屈培青）
Jia Pingwa Art Museum Landscape Wall

02. 传统民居墙面　　　　　　（参考：意向图）
Traditional Residential Wall

03. 艺术馆景观墙　　　　　　（摄影：屈培青）
Art Museum Landscape Wall

01	02
	03

01 | 02
   | 03

01. 艺术馆景观墙 （摄影：张广源）
Art Museum Landscape Wall
02、03. 艺术馆主入口 （摄影：张广源）
Art Museum Main Entrance

02

01

03 | 04

01. 入口庭院　（摄影：张广源）
Entrance Courtyard
02. 入口庭院　（摄影：张广源）
Entrance Courtyard
03、04. 传统民居入口
Traditional Residential Entrance

| | 02 |
| 01 | 03 | 04 |

01~03. 次入口直跑楼梯 　（摄影：张广源）
Straight Running Stair
04. 次入口直跑楼梯 　（摄影：孙笙真）
Straight Running Stair

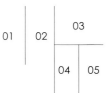

01	02
03	04

01. 室内空间 （摄影 高 伟）
    Interior Space
02. 室内空间 （摄影 屈培青）
    Interior Space
03. 室内空间 （摄影 孙笙真）
    Interior Space
04. 室内空间 （摄影 甲方供）
    Interior Space

新中式民风建筑 北京大学光华管理学院（西安分院）

01

03

02

01. 光华学院鸟瞰效果图
Aerial View Rendering
02、03主入口 （摄影 张广源）
Main Entrance

北京大学光华管理学院（西安分院）

PEKING UNIVERSITY, GUANGHUA SCHOOL
OF MANAGEMENT（XI'AN BRANCH）

建设单位：西安曲江临潼旅游商业发展有限公司
建筑规模：学院 3~5 层，配套酒店 6~7 层
建筑面积：总建筑面积 54884m²
方案设计：屈培青 高伟 苗雨 张恒岩
工程设计：屈培青 张超文 崔丹 高伟 闫文秀 王婧
　　　　　王世斌 汤建中 马超 刘刚 任万娣
获奖情况：全国优秀工程勘察设计行业奖建筑工程公建
　　　　　二等奖
　　　　　陕西省第十八次优秀工程设计建筑类
　　　　　一等奖
　　　　　中国建筑西北设计研究院优秀工程
　　　　　一等奖
论文发表："书院空间的营造与地域性表达"
　　　　　《建筑学报》2016 年第 4 期

项目简介：
　　北京大学光华管理学院西安分院是除北京本部之外，继深圳、上海之后的第三所分院，学院选址于西安临潼国家旅游休闲度假区骊山脚下，凤凰大道与芷阳三路交会处，紧邻贾平凹文化艺术馆和悦椿度假酒店。总用地面积□000m²，总建筑面积 54000m²，周围区域自然环境优美，历史文化底蕴丰厚。在此片区之中，塑造一座与周围环境相协调且具有文化格调的高等学府是我们创作设计中研究的重点。

　　传统建筑随着时间的消逝经历了沧桑巨变，但中国本土文化讲究集聚氛围和个体随意性相互交流，能聚能分的生活形态一直在延续。从古至今的中式建筑都离不开"院"，设计团队将院落空间的塑造贯穿整个设计的全过程。在校园规划上，从中国传统书院以及关中民居的布局中寻找灵感，将不同功能的教学建筑与场院围合，并巧妙处理地形高差，塑造出前庭、内院的序列空间。

　　学院大门位于学校用地的北端，学院报告厅、学员培训中心分别位于大门两侧，二者在满足日常教学的同时，也对外开放。综合教学楼位于大门的正前方，主要有办公、展览、图书馆、会议、教学等功能。三座建筑与主题雕塑、景观绿化共同围合出中式院落的第一进院落——开放的文化礼仪广场。人处于院落之中，可以将学院的整体风貌收于眼底。

　　穿过礼仪广场，走上缓慢抬升的大踏步到达教学区。教学区由综合教学楼与东、西、南三面的教学楼有机组合，围成第二进院落——教学内庭院。综合教学楼相当于传统四合院中的倒座，主入口位于倒座的西侧，没有正对内庭院。其余各楼位置与关中传统民居四合院中的厢房、正房一一对应。设计团队在校园规划中，继承了中国传统书院的造园手法，并将关中两进院子的建造思路整合到设计中，加以演绎，塑造出高低错落的建筑群、围合有序的院落空间，自然形成了一组半开放式的教学场所。

01. 总平面图
    General Plan
02. 酒店入口　　　　（摄影：张广源）
    Hotel Entrance
03. 报告厅入口　　　　（摄影：张广源）
    Report Hall Entrance
04. 入口庭院　　　　（摄影：张广源）
    Entrance Courtyard

新中式民风建筑 北京大学光华管理学院（西安分院） 139

新中式民风建筑 北京大学光华管理学院（西安分院）

01. 方案草图　　　（作者: 高　伟）
Schematic Design Sketch

02、03. 教学楼入口　（摄影: 张广源）
Teaching Building Entrance

04. 教室　　　　　（摄影: 甲方供）
Classroom

05、06. 阅览室　　（摄影: 甲方供）
Reading room

01. 内庭院鸟瞰效果图
    Courtyard Aerial View Rendering
02. 内庭院实景　（摄影：张广源）
    Courtyard Photo
03. 总平面图
    General Plan

中国本土文化及生活哲学映射在建筑脉络上即"群落式宅院建筑"，所以民风建筑不过于强调单体本身，却更注重室外活动场所的营造。内庭院是整个学院文化交流与传承的核心场所，故在内庭院设计中继承了中国传统造园手法，通过连廊的运用与地势高差的处理，将内庭院划分为中心庭院与两个附属庭院。中心庭院由三部分组成，首先在庭院的前端（北端），设计了一座北京传统卷棚老宅作为学院的交流会客场所，提名"燕园堂"，以此来唤起人们对北京大学老建筑的情感共鸣，北大校园与关中书院由此展开了一场"穿越时空"的"亲密对话"。其次，我们在庭院中部与后部分别设计了一个开放式演讲广场和一个交流场院。在场院一侧，我们安放了一尊蔡元培先生的坐像。学者们围坐在蔡先生坐像前讨论的场景，让人觉得历史仿佛就在昨天，更加彰显北京大学深厚的文化底蕴。

关中地区素有 "陕西屋子半边盖"的说法。我们以关中传统民居这一特点为基础，并进行了抽象与演绎。建筑造型方面，我们继承了关中民居——屋子半边盖的建筑形式，通过新中式的构图形式与现代半边屋的几何构图形式有机组合，将北大校园文化与关中地域文脉完美结合。细节处理上，将传统建筑的符号、材料、构造用新的语言形式组织，既继承了传统建筑的精神，又体现强烈的时代气息。建筑色彩方面，我们设计了灰黑色的屋顶和米黄色墙面，与关中传统民居灰瓦、黄土麦草土坯墙的组合方式相吻合。建筑材料方面，我们以灰黑色的顺坡直立边铝板来刻画屋面瓦的肌理，金属屋面取代传统瓦屋面，成功地塑造出现代坡屋面形式，勾勒出整个学院的天际线。建筑外墙面以米黄色锈石（花岗岩）错落排列，反映关中黄土墙面的质地，并有一种厚重感。除此之外，我们在外墙窗洞上局部点缀木质墙面，使建筑更具有关中建筑黄墙、灰瓦、木门窗的地域特征，凸显细节之美。细细品读，颇有粗中带柔的寓意，如同关中人一样，虽外表粗犷，内心却不失那一分细腻。

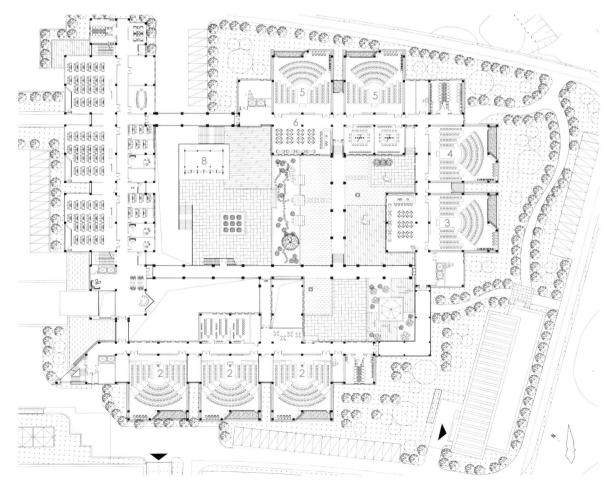

1 计算机教室
2 阶梯教室
3 图书阅览
4 视听室
5 100人教室
6 茶歇
7 会议室
8 燕园堂

燕园堂　（摄影：张广源）
Yan Yuan Hall

新中式民风建筑　北京大学光华管理学院（西安分院）

新中式民风建筑 北京大学光华管理学院（西安分院）

01 | 02
   | 03

01. 燕园堂及环境　（摄影：张广源）
　　Yanyuan Hall and The Surroundings
02. 讲演广场　　　（摄影：屈培青）
　　Lecture Square
03. 蔡元培雕像　　（摄影：张广源）
　　Cai Yuanpei Statue

| 01 | 02 | 05 |
| 03 | 04 | |

01. 立面设计　　　（摄影：张广源）
Facade Design

02. 墙面开窗构成　（摄影：甲方供）
Wall Window Structure

03、04. 酒店中庭　（摄影：孙笙真）
Hotel Atrium

05. 酒店中庭　　　（摄影：甲方供）
Hotel Atrium

新中式民风建筑 锦园五洲风情园

鸟瞰效果图
Aerial View Rendering

锦园五洲风情园
DESIGN OF WUZHOUFENGQING

建设单位： 西安市地产开发第二公司
建筑规模： 地上 3 层，地下 1 层
建筑面积： 总建筑面积 29722m²
方案设计： 屈培青 常小勇 窦勇 沈莹
工程设计： 屈培青 常小勇 窦勇 任同瑞 高莉 黄惠 季兆齐
获奖情况： 第二届中国威海国际建筑设计大赛 金奖
　　　　　　中国现代优秀民族建筑综合 金奖
　　　　　　中国建筑西北设计院优秀方案 一等奖
论文发表： 锦园五洲风情《建筑学报》2004.09

项目简介：

　　锦园五洲风情位于西安古城保护区内，南临西五台，东临古都大酒店和古都艺术中心，北临城市干道莲湖路，西边为古城墙玉祥门，其地理位置及建筑特性在古城区内十分重要。该建筑内设世界各地酒吧、风味名点、中国茶艺、地方小吃、文化沙龙、休闲场所及艺术品展销。总用地 17.73 亩，总建筑面积 32352m²，该项目建成后将是西安一个高档文化、休闲的集聚场所，是城市重要的公共建筑设施。

　　古城格局的保护、传统建筑的继承、深厚文脉的底蕴、生活方式的延续，这些历史条件及文化背景为建筑设计带来了创作的灵感和源泉，使建筑师从中去寻找和理解现代建筑与传统建筑的文脉，创造富有地域文化特色并与城市肌理相和谐的建筑空间。

　　一、 寻找文脉与和谐

　　在古城内，该地区的老建筑主要为民居和小店铺，路网为正南北向棋盘布局，由于现状建筑不能满足使用要求，设计团队将对该地块进行重新定位及设计。古城西安淳朴的民风和素雅的民居，积淀着传统建筑深厚的历史文化底蕴。新的建筑创作，应从传统建筑中去寻找古城建筑素朴的文脉与苍古的意境，挖掘和提炼出建筑文化及建筑符号的逻辑元素，将这些资源通过剖析、割裂、连续整合到现代建筑中形成新的秩序，并从现代建筑中折射出传统建筑的神韵，追求神似，使建筑的总体构思、空间序列、建筑尺度、单体风格以及材料肌理与传统建筑相和谐，在尊重历史而不是模仿历史的同时，赋予它新的气质和含义，保护好这一带的建筑风貌。

　　二、 把握空间及尺度

　　新建筑的肌理应渗透着传统建筑的脉络，新与旧的融合，是对建筑发展的一种延续和对城市肌理的契合，在总体布局中，把握好空间尺度最为关键，采用民居和小店铺的序列格局，设计了二纵一横的三条轴线，将 2、3 层高低错落的几组不同青砖白墙建筑的单体元素连为一体，围合成不同大小的空间院落和尺度适宜的巷道，空间有收有放，不仅很好地解决了人流组织和空间尺度问题，也为构思建筑空间造型和景观序列创造了条件，使建筑布局与古城建筑格局相吻合。实际上它与人保持着一种呼应关系，这种关系正是设计师所寻找的正渐渐遗落的地方肌理和文脉。

　　三、 创造序列和景观

　　景观一：为了使该建筑与周围城市环境相和谐，在面对城市主干道北边设计了一个高 17.7m，长 124m 的文化背景墙，将小体量的建筑群连为一体。

　　景观二：在入口西侧，设计三片弧形浮雕墙，与水景组成一组景

观，浮雕墙采用北方特有浅米黄色砂岩板为背景，在上面刻有反映长安八景的图案构图，同时水景由一组涌泉和一个倾斜的陶土水壶组成，水从壶口流出，潺潺的水声写就的故事与一组浮雕墙组成醉人的景观。

景观三：进入主入口沿主轴线构思了一个反映传统与现代建筑元素对话的主景观，景观构图采用四根青砖柱子支承黑灰色主檩钢架，并将木斗栱、木檩条经简化裂变后与砖柱、主檩钢架组合构成屋架的形式，既喻义了传统建筑与现代建筑的延续和对话，又给人创造一种时间和空间的遐想。

景观四：进入下沉庭院，庭院平面呈窄长形，严谨和规整，沿周边设计了不同地域风格的酒吧屋，通过连廊围合出一个尺度适宜的室外庭院。

景观五：在主轴线一、二层，通过连廊将若干个小体量组团建筑集合为一组群体建筑，将连廊局部延伸扩大到中庭上空作为休息茶座，供人纳凉通风，融入自然，观赏庭院内的表演。

景观六：在背景墙西侧，通过次入口的门廊进入一个院落，正对南北次轴线序列，该院落平面紧凑，用北方民居中四合院的手法将建筑围合成一个室外中庭，将场所院落聚集其中，人们自成一体，围绕着中庭闲庭漫步，感受这种文化氛围。

景观七：通过一条巷道轴线将东西两个庭院连为一体，该街采用传统街区中较小的空间尺度，亲切怡人。

景观八：对人行游步道，采用立式青砖人字形铺砌，分格的青石上刻有成语谜语，起连续引导作用。在每个店铺入口处的地面上，设计了一个石雕图案加以点缀，室外栏板用黑灰色金属扶手与钢化玻璃组合，在玻璃上烧制出民居窗格的磨砂图案。

01	02
	03
	04

01. 主入口效果图
   Main Entrance Rendering
02. 首层平面图
   First Floor Plan
03. 西立面图
   West Elevation
04. 内庭院剖面图
   Courtyard Section

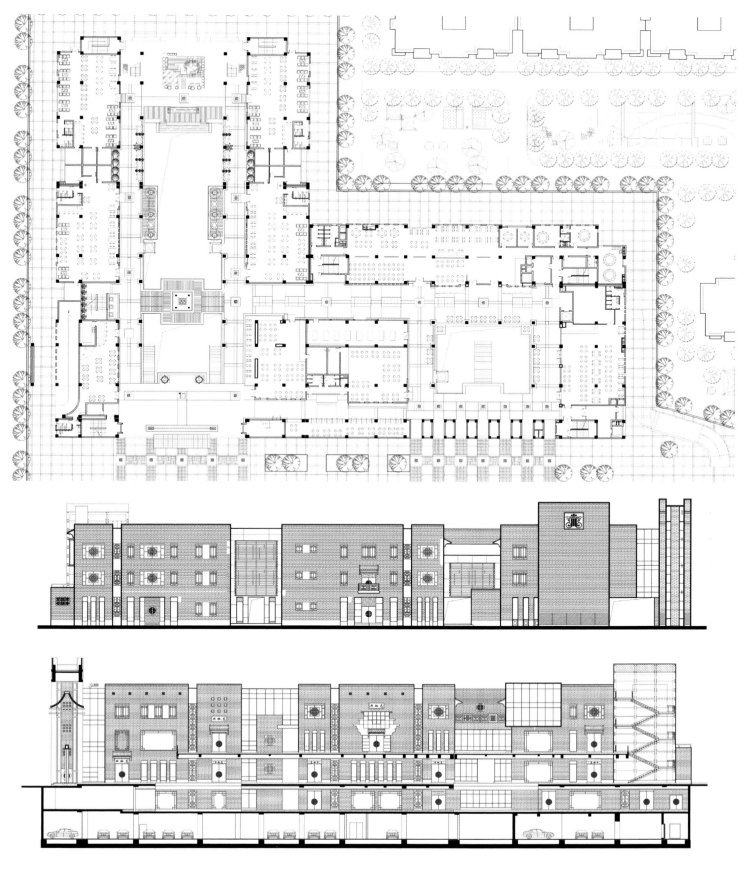

四、展示风格与肌理

在建筑风格上，将传统建筑的文脉、神韵、符号、材料、肌理用新的建筑语言，整合到现代建筑之中，采用简约的手法与传统建筑精神共存，而不是将传统建筑形式简单地装饰在新建筑的表面。新的建筑，以传统青砖白墙为基调，与现代建筑玻璃、黑灰色金属窗格的构成，在造型上采用几何块体相互组合，高低错落；在材质上，采用玻璃与砖墙的虚实对比，相互借景，在色彩上表达出传统民居黑、灰、白基本色调，同时为了在新建筑中能够留下传统建筑的痕迹，将陕西民居中"屋子半边盖"和"山墙"的构图形式经过重新整合，以虚构图的方式布置在不同店铺主入口墙面上，并与入口有机地结合为一体，这

种新的空间关系及立面形式，对于该地块来说是新的内容，但其空间结构的本身却保留了传统空间逻辑和尺度。建筑立面形式保留了传统建筑的比例、色彩、韵律及肌理。青砖墙的厚重，白墙面的朴素，纹理清晰的木材，清澈透明的玻璃，金属材料的精美，建筑在保留了传统建筑材料的同时，赋予现代新材料的肌理，新旧材料的融合，相互对比、相互映衬，塑造新的建筑形象，也显现出地方人文中明净舒朗的历史，将人们所熟悉的生活和文化填充到建筑形体中去，在建筑构架体系中营造人文气息，从建筑外表反映出建筑鲜明的个性和气质，同时又不过分炫耀，清新典雅、超凡脱俗。

01. 主入口庭院效果图
Main Entrance Courtyard Rendering

02~04. 内部庭院效果图
Interior Courtyard Rendering

	02	03
01		
	04	

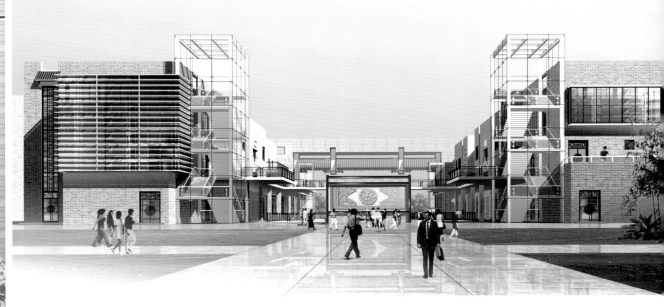

西安锦园坊

DESIGN OF JINYUAN

建设单位：陕西大明宫房地产开发有限责任公司
建筑规模：地上 3 层，地下 1 层
建筑面积：总建筑面积 20 万 m²
方案设计：屈培青　常小勇　窦勇
获奖情况：第二届中国威海国际建筑设计大奖赛铜奖
论文发表：西安建筑风貌与城市精神：西安锦园坊
　　　　　《建筑创作》2007 年第 8 期

项目简介：

　　西安锦园坊位于西安北二环与大明宫环道西北角。南临北二环，总用地 147.27 亩。总建筑面积 21 万 m²。该用地内分别设有集中商业广场，临街商业用房及中式文化别墅区。

　　该项目的设计构思首先延续了古城西安九宫格城市肌理的脉络及尺度，其次从传统的关中民居中抓住了朴素的风貌和苍古的意境，这些西安特有的城市布局和建筑空间艺术，它所反映的建筑肌理与营造的建筑环境更加贴近民风。作品在具体创作中，从关中民俗建筑的营造特色中吸取精华，一条街的尺度，一个院落的空间，一组建筑构成一片青砖的肌理。一组窗花的符号、一幅照壁的裂变这些特征都可以在作品中，通过规划空间、建筑形态、建筑色彩、材料肌理环境布局及雕塑小品的设计创作中，得到充分的应用及有机整合，两组建筑在风格上，将传统建筑的文脉、神韵、符号、材料、肌理用新的建筑语言，整合到现代建筑之中采用简约的手法，与传统建筑精神共存。

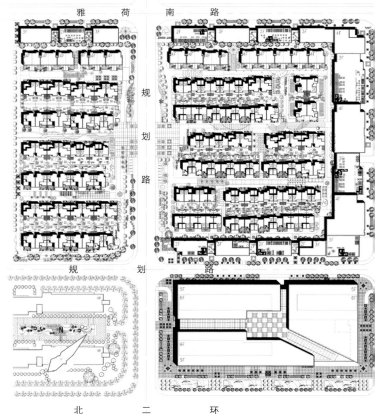

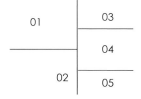

01. 小区入口大门效果图
    Entrance gate Rendering
02. 总平面图
    General Plan
03~05. 裙房商业效果图
    Commercial Podium Rendering

新中式民风建筑·西安锦园坊　169

01 | 04

02 |

| 05

03

01. 小区内部街道效果图
Residential Street Rendering

02. 酒店公寓 A 型效果图
Hotel Apartment Type A Rendering

03. 酒店公寓 C 型效果图
Hotel Apartment Type C Rendering

04. 入口牌坊效果图
Memorial Archway Rendering

05. 户型平面图
Unit Plans

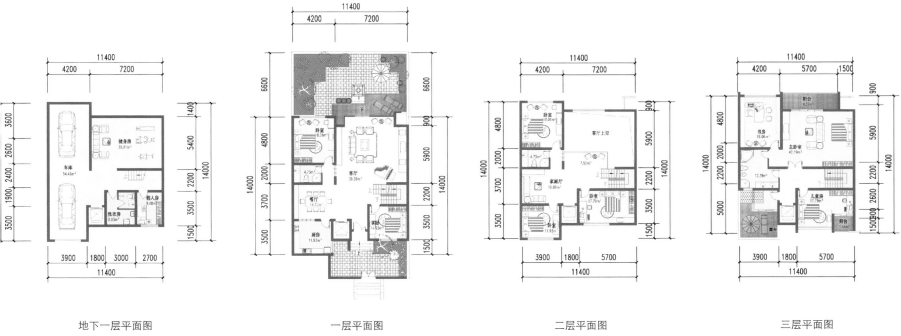

地下一层平面图　　　　　　　　一层平面图　　　　　　　　二层平面图　　　　　　　　三层平面图

01	04
02	05
03	06

01. 集中商业立面细部效果图
Centralized Commercial Facade
Detail Rendering
02. 南立面图
South elevation
03. 北立面图
North Elevation
04~06. 集中商业效果图
Centralized Commercial Rendering

照金红色文化旅游名镇
ZHAOJIN RED CULTURAL TOURIST TOWN

建设单位：陕西照金文化旅游投资开发有限公司
建筑规模：地上 2~4 层，局部地下 1 层
建筑面积：总建筑面积 13.7 万 m²
方案设计：屈培青 阎飞 王琦 高伟 王一乐 孙笙真
工程设计：屈培青 常小勇 张超文 贾立荣 魏婷 王琦 杜昆 司马宁
　　　　　王世斌 林荔 孟志军 黄惠 刘刚 季兆齐 李士伟
获奖情况：第一届中国建筑学会建筑师分会人居委员会优秀项目一等奖
论文发表：陕西照金红色文化旅游小镇规划设计《建筑学报》2015 年第 9 期

01	02
	03
04	

01. 总平面图
　　General Plan
02、03. 薛家寨革命旧址（摄影：屈培青）
　　Xue Jia Zhai Revolutionary Site
04. 照金小镇鸟瞰图　　（摄影：甲方供）
　　Zhaojin Town Aerial View Photo

项目简介：

　　照金镇是陕甘边革命根据地的创建地，也是陕西省重点建设美丽乡村小镇其中的一个镇。该镇总规划用地 22.5hm²，总建筑面积 12 万 m²。位于陕西铜川耀州区。1933 年刘志丹、谢子长、习仲勋等老一辈无产阶级革命家在这里创建了西北第一个山区革命根据地，并在这里组建了中国工农红军第二十六军，是西北革命的摇篮，也是全国百家红色旅游经典景区之一。主要景点有陕甘边革命根据地照金纪念馆和纪念碑、薛家寨遗址等，照金镇同时也是国家级丹霞地质公园。

　　在建设美丽乡村小镇的计划中，照金政府主要从以下两方面开始整合：
1. 从政策和机制上积极推进乡镇化建设，加快农村剩余劳动力的集中管理，利用自身地域资源优势大力发展特色农业、生态农业、乡村旅游，多渠道发展，就地扩大农民就业条件，增加农民人均资源的占有量和收入，同时要健全管理机制和用人机制，引进专业技术人才，为加快美丽乡镇的发展创造良好的政策环境。2. 从乡镇规划上，将分散居住的农民较集中地布置，节约土地资源，减少分散配套投资，健全乡镇公共配套和社区服务功能，包括住房改造、道路整治、乡镇绿化、垃圾处理、安全用水等，真正改善农民的住房条件和卫生条件。

　　在照金总体规划中，另一条以公共文化为核心的东西轴线，其中包括学校、医院、镇政府、培训基地、客运站、旅游文化商业街由东西贯穿全镇等，将农民安置房布置两轴线周边形成一个新的红色旅游文化小镇，同时旅游商业街以红色旅游纪念品、地方特色农产品、文化休闲、地方餐饮、书吧茶艺等商业带动小镇的经济、解决农民的就业，增加农民的收入。在照金小镇其他公共配套建筑层数为 2~3 层，农民居住建筑为 4 层。在建筑风格、建筑材料、建筑色彩上与纪念馆完全统一，以红砂岩色调为小镇建筑的主基调，再与米色墙面组合。在商业街建筑群中，采用民居建筑形式，红砖墙与米色墙面组合，配以灰色坡屋顶，再把当地文化元素与革命初期红色元素结合在一起，建筑与环境融为一体，即反映了革命根据地的纪念性建筑和红色旅游，也展示了新村镇地域文脉特点的崭新风貌。

纪念馆前广场　　（摄影：甲方供）
Memorial Square

	02	
01		03
		04

01. 纪念碑　　　　　（摄影：张广源）
    Monument
02. 纪念馆前广场　　（摄影：张广源）
    Memorial Square
03. 设计草图　　　　（作者：魏　婷）
    Design Sketch
04. 照金小镇纪念轴线剖面图
    Zhaojin Town Memorial Axis Section

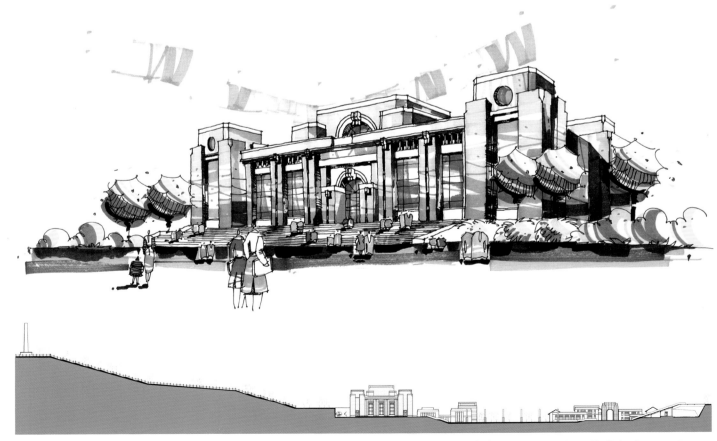

01. 纪念馆　　　　　（摄影：常小勇）
Memorial Museum
02. 纪念馆　　　　　（摄影：张广源）
Memorial Museum

01 | 02

新中式民风建筑 照金红色文化旅游名镇

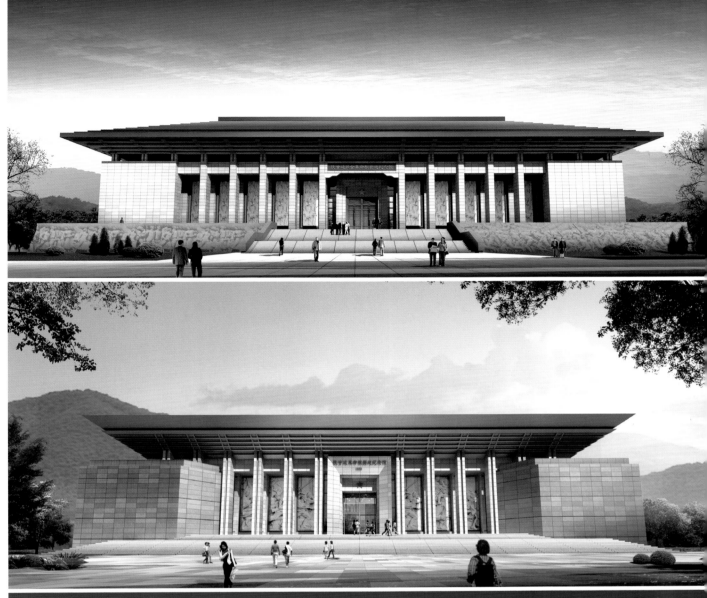

01	04
02	05
03	06

01、02. 纪念馆方案二效果图
Memorial Program Two Rendering
03. 纪念馆方案三效果图
Memorial Program Three Rendering
04. 纪念馆方案四效果图
Memorial Program Four Rendering
05. 纪念馆方案五效果图
Memorial Program Five Rendering
06. 纪念馆方案六效果图
Memorial Program Six Rendering

新中式民风建筑 照金红色文化旅游名镇

01. 商业街效果图
    Commercial Street Rendering
02. 商业街创作草图 （作者：王 琦）
    Commercial Street Sketches
03. 商业街景 （摄影：张广源）
    Commercial Street

01 | 02
   | 03

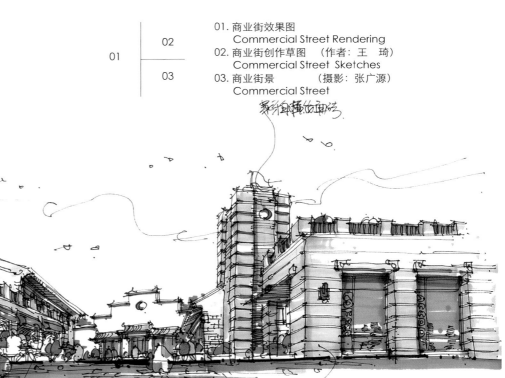

01 | 02
| 03

01. 特色商业街景　　（摄影：张广源）
　　 The Commercial Street
02. 商业街景效果图　（摄影：甲方供）
　　 The Commercial Street
03. 商业街景　　　　（摄影：甲方供）
　　 The Commercial Street

01 ┬ 02
　 └ 03

01. 特色商业街景　　（摄影：张广源）
The Commercial Street
02、03. 特色商业街景　　（摄影：常小勇）
The Commercial Street

新中式民风建筑 照金红色文化旅游名镇 185

	02	
01	03	05
	04	

01~05. 商业街夜景图　　（摄影：张广源）
Commercial Street Night Piece

马栏干部学院扩建设计方案

EXTENSION DESIGN OF THE MALAN CADRE COLLEGE

建设单位：旬邑县发展改革局
建筑规模：建筑为地上 2~3 层
建筑面积：总建筑面积 43900m²
方案设计：屈培青　徐健生　高伟　白少甫
　　　　　朱原野　阎飞　王琦　王一乐

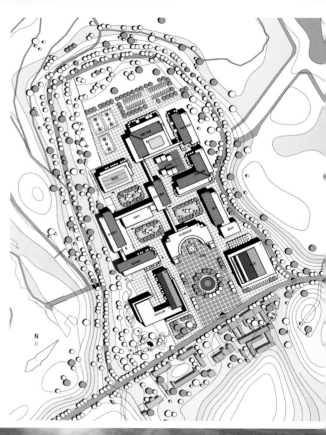

项目简介：

　　马栏干部学院位于咸阳市旬邑县东北部的马栏镇。马栏作为全国重要的革命根据地之一，是陕甘宁边区的南大门、是孕育革命英才的摇篮。马栏干部学院就是依托现有的马栏革命纪念馆、纪念碑、关中分区旧址、红 26 军军部旧址等红色资源，把红色资源与干部思想教育结合起来，投资建设的集干部培训、红色历史研究、红色精神传承于一体的综合性培训基地。

　　学院可同时容纳 500 名学员在院培训，整个学院分为教学区、住宿区、运动区及后勤区。建筑群结合基地现状内的两层台地顺势而建，采用传统书院式的院落式布局，错落有致，与场地环境及地域文脉形成了和谐的对话，学员公寓位于学院的北侧，远离主入口，满足住宿相对安静的功能需求。学院内建筑之间通过连廊串联，并结合下沉庭院设计了传统的地坑窑，表达了乡愁情怀。整个学院从功能到空间在紧密联系的同时又充满层次，设计团队以山水为景，描绘的是一幅看得见山、望得见水、记得住乡愁的完美画卷。

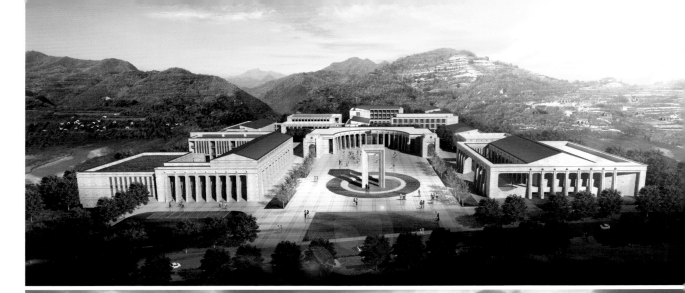

01. 方案一鸟瞰效果图
Plan 1 Aerial View Rendering
02. 总平面图
General Plan
03~05. 方案一透视效果图
Plan 1 Rendering

01. 方案二鸟瞰效果图
Plan 2 Rendering
02. 方案三鸟瞰效果图
Plan 3 Rendering
03、04. 方案二透视效果图
Plan 2 Rendering
05. 方案三透视效果图
Plan 3 Rendering

01	03
	04
02	
	05

关中楼观风情大观园
THE LOUGUAN STYLE GARDEN

建设单位：西安曲江临潼旅游商业发展有限公司
建筑规模：38000 万 m² 的酒店部分；7500m² 的商业建筑
建筑面积：45865m²
方案设计：屈培青 常小勇 孙笙真 高伟 张恒岩 李大为
工程设计：屈培青 常小勇 王晓玉 郑苗 马庭愉 季兆齐

项目简介：

　　项目概况：关中楼观风情大观在选址上正对道教文化展示区主轴线，景观优势与文化优势凸显。项目总建设用地面积：4.2939 万 m²，总建筑面积：4.5865 万 m²。该项目共由两个部分组成：①约 3.8 万 m² 的酒店部分，②约 0.75 万 m² 的商业建筑。楼观关中风情大观园建成后将与道教文化展示区连为一体，使得道文化景区更为丰富和完整。

　　规划设计：在总体布局上借鉴了中国传统建筑的布局手法和造园理念，以"园"的理念贯穿整个设计之中，使人们在行走与驻足之间体验建筑与环境交相辉映之美。我们将主体建筑和餐饮会议中心以中轴对称的形式正对道教文化展示中心的中轴线布置，以突显其在整个园区内的重要性，也是对于道教景区轴线的延伸，很好地呼应

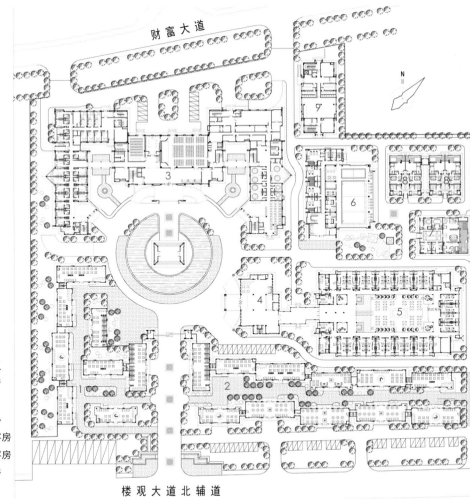

1 商业街 1
2 商业街 2
3 餐饮会议
4 接待大厅
5 客房部
6 康体中心
7 大 VIP 客房
8 小 VIP 客房
9 配套用房

财富大道

楼观大道北辅道

01. 总平面图
    General Plan
02. 创作草图   （作者：孙笙真）
    Schematic Design Sketch
03. 沿街视角   （摄影：常小勇）
    Street View Photo

关中楼观风情园方案设计草图

了整个景区的布局方式。为缓解大体量建筑对场地产生的压迫感，在设计时，我们尽量将大体量建筑置于用地的北侧，建筑所退让出来的空间自然形成前广场，在这里设计团队设计了风情园的入口和戏楼，极大地丰富了入口广场的景观层次。在会议中心的东南侧为大观园内的酒店客房部，它与会议中心通过大堂吧与通透的玻璃连廊进行连接，使人们方便通达。一大两小的三栋VIP客房形成一组，错落有致地布置在客房楼的北侧，用以接待园区的贵宾。VIP客房的西侧为整个园区内的康体健身中心，其中设有spa按摩、游泳池、健身、羽毛球等多项运动娱乐设施。园区内的最南侧临街部分为商业街，以传统的街巷空间重新演绎出现代关中民居建筑的特色。商业街采用1～2层低矮的小体量建筑散布，削弱了对景区的影响，同时为商业空间提供了宜人的尺度。

　　建筑风格：整个建筑群高低错落，组合有序将关中民居的院落布局的群落肌理通过现代建筑的元素传承发展，以"新中式"的理念完成对建筑风格的表达，使其很好地与道文化景区内现有建筑协调统一。在设计中，我们从关中民居建筑中充分提取元素，进行抽象、割裂和重新整合，采用新的空间布局模式，以新材料、新技术的使用弥补了传统建筑自身的不足，又赋予建筑独有的特色，同时能再现关中建筑风貌，使游人在住宿餐饮的同时完成与历史的对话与沟通。

01、02. 商业街街景效果图
Commercial Street Rendering
03、04. 商业街街景 （摄影：常小勇）
Commercial Street

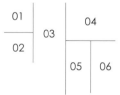

01. 酒店客房部效果图
Hotel Housekeeping Department Rendering

02. 客房部入口　　　（摄影：常小勇）
Room Entrance

03. 客房部中庭　　　（摄影：孙笙真）
Atrium

04. 院落式客房　　　（摄影：常小勇）
Courtyard Style Guest Room

05. 大 VIP 客房内庭院 （摄影：常小勇）
Large VIP Rooms Courtyard

06. 康体中心　　　　（摄影：常小勇）
The Fitness Center

新中式民风建筑 曲江杜陵邑综合办公楼

鸟瞰图 （摄影：贺泽余）
Aerial View Photo

曲江杜陵邑综合办公楼
Office Building of Qujiang Du Lingyi

建设单位：西安曲江新区土地储备中心
　　　　　西安曲江城市建设发展有限公司
　　　　　西安曲江二期配套建设有限公司
建筑规模：地上 3 层
建筑面积：总建筑面积 29722m²
方案设计：屈培青　阎飞　王琦　李大为
工程设计：屈培青　常小勇　阎飞　李大为　王世斌
　　　　　毕卫华　季兆齐　高莉　李士伟

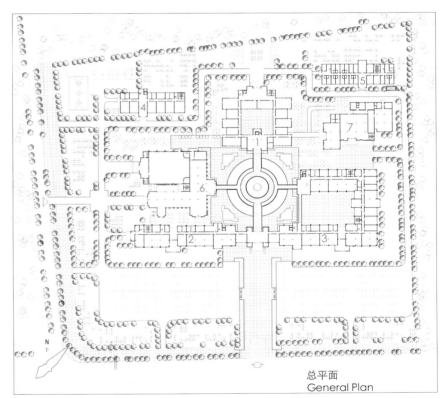

总平面
General Plan

1 综合楼 1　　　5 综合楼 5
2 综合楼 2　　　6 报告厅
3 综合楼 3　　　7 食堂
4 综合楼 4

项目简介：

　　曲江杜陵邑项目位于绕城高速以南唐苑路中段。总用地规模99.74亩（约66495.39m²），总建筑面积为29722m²。

　　方案在满足办公楼设计要求的原则下，传承中国古典园林的空间布局特点，在探寻现代建筑的审美、构图布局、材料选择和文化诉求的基础上，提炼传统文化，融入现代设计语言与现代艺术创造手法，通过解构重组、衍化的方式，力求创造出现代语境下的新中式园林空间。建筑的造型设计中吸取中式传统建筑的顶、柱、廊等元素，将其与办公建筑功能要求相结合。屋顶采用现代手法诠释的坡屋顶造型，以红色砖墙与灰黑色屋面为主要基调，并通过高度的变化以及平面的围合形成有序的屋顶空间。建筑细部多采用剁斧石

工艺，一方面体现出我国传统匠人精细的手工技艺；另一方面也让建筑外观避免了过多的修饰，整体观感达到了简洁细腻，整体大方的效果。

　　建筑组团根据功能的需求有序布局，整体规划形成"一环一轴"的布局特点。其中"一轴"为入口—门厅—中心庭院—综合办公楼—后庭院的南北主轴线，与传统建筑中多进院落空间相契合。"一环"是沿中心庭院设计圆形浅水池与半圆形柱廊，与展览厅和办公用房，中心庭院为轴心顺时针展开形成的环形布局互相呼应。各个建筑单体之间布局错落形成多组庭院空间，达到步移景异、虚实相间的空间效果。各办公空间通过连廊相互连通，既保证与其他区域连接沟通的便捷性，又利用联廊及庭院内的小路形成多层次的景观空间，营造出良好的办公环境。

主入口 （摄影: 常小勇）
Main Entrance

01、02.办公楼 （摄影：贺泽余）
Office Building
03.办公区环境 （摄影：屈培青）
Office Environment
04.办公区连廊 （摄影：屈培青）
Office Area Corridor
05.办公楼山墙 （摄影：常小勇）
The Office Building Gable

01. 办公区环境 （摄影：常小勇）
Office Environment

01 | 02

02. 办公楼 （摄影：常小勇）
Office Building

曲江大明宫管委会

QUJIANG DAMINGGONG ADMINISTRATIVE COMMITTEE

方案设计：屈培青 魏婷 刘晓菲

曲江临潼生态谷会所

LINTONG QUJIANG ECOLOGICAL
VALLEY CLUB

建设单位：西安曲江临潼旅游商业发展有限公司
建筑规模：地上 2 层 会所
建筑面积：2600m²
方案设计：屈培青 孙笙真

凤凰池生态会所入口透视图

楼观台税务干部培训学校

LOUGUANTAI TAX CADRES TRAINING SCHOOL

建设单位：西安曲江楼观道文化展示区开发建设有限公司
建筑规模：建筑为地上 3 层
建筑面积：总建筑面积 13000m²
方案设计：屈培青　魏婷　阎飞　王琦
工程设计：屈培青　常小勇　贾立荣　魏婷
　　　　　王晓玉　茅丹萍　耿玉　马超

	01			04
		02		
		03		

01. 教学楼　　（摄影：屈培青）
　　 Academic Building
02. 创作草图　（作者：魏　婷）
　　 Schematic Design Sketch
03. 创作草图　（作者：魏　婷）
　　 Schematic Design Sketch
04. 总平面图
　　 General Plan

项目简介：

陕西省西安市税务干部学校近邻西安楼观台道教文化景区，拥有得天独厚的自然及人文景观资源。项目用地面积约50023.9m²（75.04亩），一期用地面积为41138.9m²，总建筑面积12845m²，容积率为0.31。

整个校区由教学区、住宿区、运动区、后勤区及商业区组成。教学区紧靠基地西侧，相邻校区主入口，由教学楼、宿办楼、多功能报告厅组成，三栋建筑围合成独立的建筑空间，形成一个教学广场，以此连接学校主要交通轴线，使得交通流线独立、明确，教学人员有独立的集散空间，同时具有浓郁的学术氛围。住宿区位于基地最南端，由2、3层的单廊建筑围合成建筑院落，空间比例尺度借鉴中国传统民居的院落尺度，结合丰富的绿化，营造自然、舒适的宜人空间。运动区紧贴基地最北端，距离教学区较近，方便师生使用，远离于住宿区，动静分离。后勤区位于基地中东部，餐饮楼连接住宿、教学两区，方便两区人流使用。职工宿舍及设备用房均位于餐饮楼北侧，三栋建筑交通联系紧密，方便内部人员使用。商业区位于基地西北角，呈线性排开，既为住宿区阻挡了西侧仙都东路的喧嚣，也便于创造经济效益。

造型设计吸取中国传统建筑的坡屋顶元素，结合廊、柱的使用，在简洁统一的韵律建筑风貌之下又通过体块穿插，平坡结合，连廊相接的多种组合形式使建筑空间呈现出多样化。屋顶采用大挑檐的坡屋顶，通过高度的变化以及平面的围合形成有序的庭院空间。在建筑色彩上采用了灰黑色的劈岩砖与灰蓝色的屋面相结合，使整个建筑群体色彩鲜明，又充满文化和亲切的氛围。

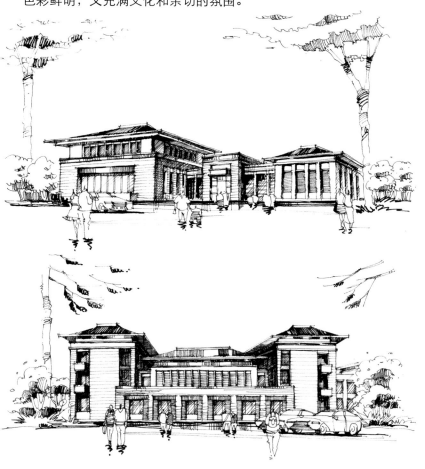

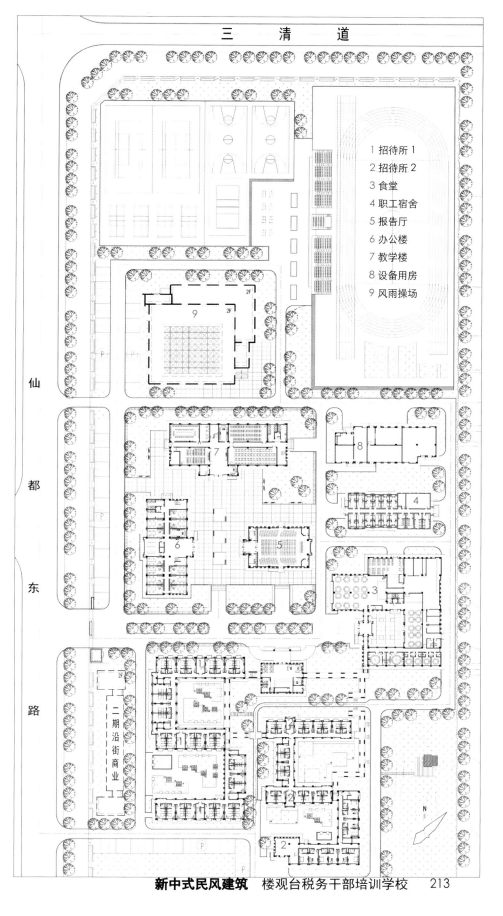

三 清 道

1 招待所1
2 招待所2
3 食堂
4 职工宿舍
5 报告厅
6 办公楼
7 教学楼
8 设备用房
9 风雨操场

仙都东路

二期沿街商业

新中式民风建筑 楼观台税务干部培训学校 213

大华 1935

DAHUA 1935

建设单位：西安曲江大华文化商业运营管理有限公司
　　　　　西安曲江城墙景区开发建设公司
设计单位：中国建筑设计研究院崔愷建筑设计工作室
　　　　　中国建筑西北设计研究院屈培青工作室
建筑规模：地上 1~5 层
建筑面积：总建筑面积 11.6 万 m²
总负责人：崔愷（中国工程院院士）
方案设计：崔愷　王可尧　张汝冰（中国建筑设计研究院）
工程设计：崔愷　屈培青　张超文　崔丹　魏婷　司马宁
　　　　　魏婷（小）　王婧　白雪　郑苗　毕卫华　季兆齐
　　　　　（中国建筑设计研究院）
　　　　　（中国建筑西北设计研究院有限公司）

项目简介：

　　该项目与中国建筑设计研究院——崔愷建筑设计工作室联合设计，属于"工业建筑遗产保护改造"范畴。围绕当前工业建筑遗产保护再利用话题，根据本项目市场定位、规划构思，从建筑自身现状等实际情况出发，进行深化设计，并尝试总结设计中处理矛盾的策略和技术措施，希望能够在社会对保护工业遗产积极态度的背景下，为部分改造项目提供一些有价值的参考或借鉴。

　　对于此项目，可以说："老建筑是城市文明的见证，是'城市博物馆'各个时代最好的展品。"

　　"尊重旧有的空间形态，谨慎对待历史沧桑的工业建筑"，这是我们应持有态度。按照"修旧如旧"的原则，同时合理运用新的建筑材料和设计手法，突显"新旧对比"，以一种独特的建筑语言诠释着建筑的前世与今生。

01. 构架细部　　　　（摄影：成社）
　　Frame Detail
02. 主入口　　　　　（摄影：成社）
　　Main Entrance
03、04. 商业内街　　（摄影：成社）
　　Commercial Street
05. 集中商业　　　　（摄影：成社）
　　Concentrated Business

西安临潼悦榕庄酒店

XI'AN LINTONG YUERONGZHUANG HOTEL

建设单位：西安曲江临潼旅游投资（集团）有限公司
建筑规模：建筑为地上 1 层，局部 2 层
建筑面积：总建筑面积 37874.55m²
方案设计：屈培青 高伟 孙笙真
工程设计：屈培青 常小勇 司马宁 王婧 唐亮
　　　　　林芝雯 汤建中 马庭愉 季兆齐 李寅华

	02
01	03
	04

01. 鸟瞰效果图
    Aerial View Rendering
02~04. 透视效果图
    Perspective Rendering

陶我曲长美欢青绿童相卷山
然醉尽歌泛言竹荫携卷月
共君河吟聊得拂携开及横随
忘复星松共所行入曲荆翠人
机乐稀风挥颜衣径扉微归

新中式风格建筑——西安临潼悦榕庄酒店

西安领事馆区统建领馆

XI'AN CONSULATE BUILT CONSULATE

建设单位：西安市浐灞区管理委员会
建筑规模：建筑为地上 2~3 层
建筑面积：总建筑面积 9559m²
方案设计：屈培青 高伟 张超文 王琦
工程设计：屈培青 张超文 赵明瑞 高伟 唐亮
         王世斌 张学军 李寅华 黄惠 王磊

01. 鸟瞰效果图
Aerial View Rendering
02、03. 透视效果图
Perspective Rendering

新中式民风建筑 西安领事馆区统建领馆 221